普通高等教育"十二五"部委级规划教材(高职高专)

配色与打样

蔡苏英　主编

於琴　郑光洪　副主编

中国纺织出版社

内 容 提 要

本教材根据染整打样员、工艺员、跟单员等岗位对配色打样专业知识与技能的基本要求，以具体工作任务为教学载体，系统介绍染整打样规范、配色基本原理与原则、审样内容与要求、打样匀染性与准确率的影响因素、电脑测色配色原理与方法等，综合训练学生的辨色能力、仿色方法与技巧、色差评定方法、电脑测色与辅助配色等技能，重点培养学生常用染料单纤维制品浸染、轧染及印花仿色能力，适度拓展涤/棉织物打样、放大样与修色等技能，同时对印染企业打样过程中的常见问题、影响大小样符样率的因素等进行了分析。

本教材具有较强的实用性和可参考性，它既可作为高职院校染整技术专业学生的教科书，也可供印染行业相关技术人员学习参考，并可用于染色打样职业技能培训与鉴定。

图书在版编目(CIP)数据

配色与打样／蔡苏英主编. —北京：中国纺织出版社，2013.10（2025.5重印）

普通高等教育"十二五"部委级规划教材. 高职高专
ISBN 978 - 7 - 5064 - 9808 - 1

Ⅰ. ①配…　Ⅱ. ①蔡…　Ⅲ. ①染整—打样—高等职业教育—教材　Ⅳ. ①TS19

中国版本图书馆 CIP 数据核字（2013）第 109184 号

策划编辑：秦丹红　　特约编辑：秦　伟　　责任校对：梁　颖
责任设计：李　然　　责任印制：何　艳

中国纺织出版社出版发行
地址：北京市朝阳区百子湾东里 A407 号楼　邮政编码：100124
邮购电话：010—67004461　　传真：010—87155801
http://www.c-textilep.com
北京虎彩文化传播有限公司印刷　各地新华书店经销
2025 年 5 月第 4 次印刷
开本：787×1092　1/16　印张：9.25
字数：170 千字　定价：32.00 元

凡购本书，如有缺页、倒页、脱页，由本社图书营销中心调换

出版者的话

《国家中长期教育改革和发展规划纲要》(简称《纲要》)中提出"要大力发展职业教育"。职业教育要"把提高质量作为重点。以服务为宗旨,以就业为导向,推进教育教学改革。实行工学结合、校企合作、顶岗实习的人才培养模式"。为全面贯彻落实《纲要》,中国纺织服装教育学会协同中国纺织出版社,认真组织制订"十二五"部委级教材规划,组织专家对各院校上报的"十二五"规划教材选题进行认真评选,力求使教材出版与教学改革和课程建设发展相适应,并对项目式教学模式的配套教材进行了探索,充分体现职业技能培养的特点。在教材的编写上重视实践和实训环节内容,使教材内容具有以下三个特点:

(1)围绕一个核心——育人目标。根据教育规律和课程设置特点,从培养学生学习兴趣和提高职业技能入手,教材内容围绕生产实际和教学需要展开,形式上力求突出重点,强调实践。附有课程设置指导,并于章首介绍本章知识点、重点、难点及专业技能,章后附形式多样的思考题等,提高教材的可读性,增加学生学习兴趣和自学能力。

(2)突出一个环节——实践环节。教材出版突出高职教育和应用性学科的特点,注重理论与生产实践的结合,有针对性地设置教材内容,增加实践、实验内容,并通过多媒体等形式,直观反映生产实践的最新成果。

(3)实现一个立体——开发立体化教材体系。充分利用现代教育技术手段,构建数字教育资源平台,开发教学课件、音像制品、素材库、试题库等多种立体化的配套教材,以直观的形式和丰富的表达充分展现教学内容。

教材出版是教育发展中的重要组成部分,为出版高质量的教材,出版社严格甄选作者,组织专家评审,并对出版全过程进行跟踪,及时了解教材编写进度、编写质量,力求做到作者权威、编辑专业、审读严格、精品出版。我们愿与院校一起,共同探讨、完善教材出版,不断推出精品教材,以适应我国职业教育的发展要求。

中国纺织出版社
教材出版中心

前言

本教材是根据高职院校染整技术专业培养目标,结合专业课程体系及相关职业技能课程教学要求而编写的。本教材以印染配色与打样为主线,应用"基于工作过程"的教改理念,将染整企业相关技术岗位的工作任务转化为学习任务,采用项目课程教学形式,让学生更清晰地了解并掌握未来所从事职业的知识与能力要求。积极采用现代信息技术与职场环境相结合的职业技能训练与学习评价方法,为培养适应现代印染企业工作要求的高素质、高技能型人才而奠定基础。

本教材由常州纺织服装职业技术学院蔡苏英老师担任主编,联合多家职业技术院校和企业参编。全书共有十个教学项目,其中项目二、项目三、项目五、项目八、项目九由常州纺织服装职业技术学院蔡苏英老师编写;染整打样岗位认知、项目一、项目七由常州纺织服装职业技术学院於琴老师编写;项目四由上海千立自动化设备有限公司许云鹏董事长和成都纺织专科学校郑光洪教授共同编写;项目六由山东科技职业技术学院闫红清老师编写;项目十由郑光洪、蔡苏英等老师共同编写。全书由常州汇迅兴纺织品有限公司马雅娟高级工程师主审。

本教材在编写过程中得到了美国 Datacolor 公司[德塔颜色商贸(上海)有限公司]、厦门瑞比精密机械有限公司、上海千立自动化设备有限公司的协助,还得到了教育部轻化教指委染整分会委员们和各兄弟院校、企事业单位专家们的大力支持,在此表示衷心的感谢。

由于编写组成员水平有限,错误难免,敬请各位读者批评指正。

编者
2012 年 12 月

课程设置指导

课程名称: 配色与打样

适用专业: 染整技术

总 学 时: 150(5 周)

课程性质:

本课程是染整技术专业学生必修的主干专业课程与核心技能课程,主要为学生将来从事染整打样员、技术员、工艺员、跟单员等技术工作提供知识与技能支撑,并且为后续专业课程,如印染产品工艺设计、毕业设计(论文)等的学习奠定基础。

教学目标:

本课程的主要任务是通过混色原理、配色打样原则、电脑测配色技术等知识点的学习,按"单色样→拼色样"、"单纤维制品仿色→多纤维制品仿色"、"染色仿样→印花仿色"、"人工经验配色→计算机辅助配色"的课序安排项目教学,通过系统而规范的训练,达到中级以上配色打样员的基本素质与能力要求。

教学基本要求:

以"染色小样工"职业技能鉴定作为课程技能考核目标,采用项目教学、任务引领、教学做一体化的教学模式。并做到:

(1)项目任务结合企业生产实际,采用真实的业务单,选用常用染料、助剂和可实施工艺。

(2)实训环境模拟企业试化验现场,采用企业工作制实战训练方式,培养学生对岗位的适应能力。

(3)优选染料,合理组合三原色拼色方案,通过分工合作,资源共享,减少简单重复,争取用更多的时间训练学生的仿色技能,同时也可让学生在枯燥的训练中体验合作的愉快,享受成功的喜悦。

(4)建议采用过程考核和结果考核相结合、应知(笔试)与应会(操作)考核相结合的方式。

教学学时分配：

序号	项目（任务）	学时分配	
		必修	选修
1	项目一　单色样卡的制备	（18）	（6）
	任务1　配制染料母液	2	
	任务2　染制活性染料浸染单色样卡	8	
	任务3　染制弱酸性染料浸染单色样卡		6
	任务4　染制活性染料轧染单色样卡	4	
	任务5　染制分散染料轧染单色样卡	4	
2	项目二　三原色拼色宝塔图的制备	（24）	（6）
	任务1　染制活性染料浸染三原色拼色宝塔图（10%浓度梯度）	18	
	任务2　染制活性染料轧染三原色拼色宝塔图（20%浓度梯度）	6	6
3	项目三　复样与测色	（12）	
	任务1　染色重现性试验	6	
	任务2　色差评定与处方调整计算	6	
4	项目四　辨色能力训练	（6）	（6）
	任务1　色盲测试	1	1
	任务2　色浓度排列	1	1
	任务3　灰彩度排列	1	1
	任务4　色偏向描述与色差距离检测	1	1
	任务5　配色训练	2	2
5	项目五　浸染仿色	（42）	（6）
	任务1　棉织物（或纱线）用活性染料浸染仿色	36	
	任务2　锦纶（或羊毛、蚕丝）制品用弱酸性染料浸染仿色	6	
	任务3　涤纶制品用分散染料浸染仿色		6
6	项目六　轧染仿色	（24）	（6）
	任务1　棉织物用活性染料轧染仿色	18	
	任务2　涤纶织物用分散染料轧染仿色	6	
	任务3　涤/棉织物用分散/活性染料轧染仿色		6
7	项目七　印花仿色	（6）	（6）
	任务1　涂料直接印花仿色	6	
	任务2　活性染料直接印花仿色		6
8	项目八　计算机配色	（12）	
	任务1　配色基础资料准备与检验	6	
	任务2　计算机辅助配色与打样	6	
9	项目九　放样与修色		（6）
10	项目十　"染色小样工"职业技能鉴定	（6）	
	合　计	150	42

目录

染整打样岗位认知 ··· 001

一、打样人员的职业素养与能力要求 ····················· 001

二、常用仪器设备的操作规程 ······························· 002

(一)电子天平 ··· 002

(二)标准光源箱 ··· 003

(三)常压高温染色小样机 ································· 004

(四)高温高压染色小样机 ································· 006

(五)小轧车 ··· 008

(六)干燥(焙烘)箱 ··· 010

(七)高温汽蒸(焙烘)机 ·································· 011

(八)连续轧蒸试样机 ······································· 013

(九)连续轧焙试样机 ······································· 014

(十)自动称料与滴液系统 ································· 015

(十一)电脑测色配色仪 ···································· 022

三、工艺参数调整与控制方法 ······························· 029

(一)轧液率 ··· 029

(二)浴比 ·· 030

(三)温度 ·· 030

(四)时间 ·· 031

(五)pH值 ·· 031

项目一 单色样卡的制备 ·· 033

一、任务书 ··· 033

二、知识要点 ·· 033

(一)染色工艺制订 ·· 034

(二)打样操作规范 ·· 039

(三)匀染措施 ·· 040

三、技能训练项目 ·· 041

(一)配制染料母液 ·· 041

（二）染制活性染料浸染单色样卡 ·· 043

（三）染制弱酸性染料浸染单色样卡 ·· 044

（四）染制活性染料轧染单色样卡 ·· 045

（五）染制分散染料轧染单色样卡 ·· 045

四、问题与思考 ·· 046

项目二　三原色拼色宝塔图的制备 ·· 047

一、任务书 ·· 047

二、知识要点 ·· 047

（一）混色原理 ·· 047

（二）宝塔图方案的制订 ··· 049

三、技能训练项目 ··· 052

（一）染制活性染料浸染三原色拼色宝塔图（10%浓度梯度）················ 052

（二）染制活性染料轧染三原色拼色宝塔图（20%浓度梯度）················ 052

四、问题与思考 ·· 052

项目三　复样与测色 ·· 053

一、任务书 ·· 053

二、知识要点 ·· 053

（一）染色重现性影响因素 ·· 053

（二）色差的种类及产生原因 ·· 055

（三）计算机测色基本原理 ·· 055

（四）色差评定的方法 ·· 065

（五）影响色差评定的主要因素 ·· 068

（六）同色异谱现象 ··· 071

三、技能训练项目 ··· 073

（一）染色重现性试验 ·· 073

（二）色差评定与处方调整计算 ·· 073

四、问题与思考 ·· 074

项目四　辨色能力训练 ··· 075

一、任务书 ·· 075

二、知识要点 ·· 075

（一）色彩语言与色彩三度空间 ·· 075

（二）色彩的判断及调整 ··· 077

(三)三向综合配色训练系统简介 ·· 078
三、技能训练项目 ·· 078
(一)色盲测试 ·· 078
(二)色浓度排列 ·· 079
(三)灰彩度排列 ·· 080
(四)色偏向描述与色差距离检测 ·· 080
(五)配色训练 ·· 081
四、问题与思考 ·· 085

项目五　浸染仿色 ·· 086
　一、任务书 ·· 086
　二、知识要点 ·· 086
　(一)审样方法 ·· 086
　(二)染料选择 ·· 087
　(三)拼色原理与原则 ·· 089
　(四)仿色技巧 ·· 090
　三、技能训练项目 ·· 091
　(一)棉织物(或纱线)用活性染料浸染仿色 ·· 091
　(二)锦纶(或羊毛、蚕丝)制品用弱酸性染料浸染仿色 ·· 093
　(三)涤纶制品用分散染料浸染仿色 ·· 093
　四、问题与思考 ·· 093

项目六　轧染仿色 ·· 094
　一、任务书 ·· 094
　二、知识要点 ·· 094
　(一)审样与处方调整特点 ·· 094
　(二)混纺织物匀染度色差的判断与控制 ·· 095
　三、技能训练项目 ·· 096
　(一)棉织物用活性染料轧染仿色 ·· 096
　(二)涤纶织物用分散染料轧染仿色 ·· 097
　(三)涤/棉织物用分散/活性染料轧染仿色 ·· 098
　四、问题与思考 ·· 098

项目七　印花仿色 ·· 099
　一、任务书 ·· 099

二、知识要点 ·· 099

　　(一)印花工艺制订 ························· 099

　　(二)手指样仿色技巧 ····················· 100

三、技能训练项目 ································· 101

　　(一)涂料直接印花仿色 ················· 101

　　(二)活性染料直接印花仿色 ········· 102

四、问题与思考 ···································· 104

项目八　计算机配色 ································· 105

一、任务书 ·· 105

二、知识要点 ·· 105

　　(一)计算机配色特点与发展历程 ··· 105

　　(二)计算机配色原理 ····················· 106

　　(三)计算机测配色一般程序 ·········· 108

　　(四)基础资料的制备与检验 ·········· 109

　　(五)测色与预告配方 ····················· 110

　　(六)选择配方 ······························· 111

　　(七)小样试验,修正配方 ··············· 111

三、技能训练项目 ································· 111

　　(一)配色基础资料准备与检验 ······ 111

　　(二)计算机辅助配色与打样 ·········· 112

四、问题与思考 ···································· 112

项目九　放样与修色 ································· 113

一、放样基础知识 ································· 113

　　(一)放样程序 ······························· 113

　　(二)放样处方计算 ······················· 115

二、提高大样与小样符样率的措施 ··· 116

　　(一)影响符样率的因素 ················· 116

　　(二)提高大小样符样率的措施 ······ 117

三、修色技术 ·· 119

　　(一)水洗法 ································· 120

　　(二)轧碱(蒸)洗法 ····················· 120

　　(三)还原(蒸)洗法 ····················· 120

　　(四)氧化(蒸)洗法 ····················· 120

（五）荧光增白剂修色法 ……………………………………………………………… 120

（六）染（颜）料套色修色法 …………………………………………………………… 120

（七）助剂追加法 ……………………………………………………………………… 120

四、问题与思考 ………………………………………………………………………… 121

项目十 "染色小样工"职业技能鉴定 …………………………………………… 122

一、考核大纲 …………………………………………………………………………… 122

（一）考核内容及要求 ………………………………………………………………… 122

（二）成绩评定方法 …………………………………………………………………… 122

（三）说明 ……………………………………………………………………………… 123

（四）材料准备 ………………………………………………………………………… 123

二、应知考核 …………………………………………………………………………… 123

（一）填充题 …………………………………………………………………………… 123

（二）单项选择题 ……………………………………………………………………… 124

（三）判断题 …………………………………………………………………………… 124

（四）多项选择题 ……………………………………………………………………… 125

（五）问答题 …………………………………………………………………………… 125

三、应会考核（仅供参考） …………………………………………………………… 126

参考文献 …………………………………………………………………………… 131

附录 ………………………………………………………………………………… 132

附录一　常用活性染料三原色（附表 1） ………………………………………… 132

附录二　常用分散染料三原色（附表 2） ………………………………………… 132

附录三　常见颜色参考配方（盐、碱用量根据染料用量确定）（附表 3） ……… 133

染整打样岗位认知

　　配色与打样是染色、印花订单投产前的一种先锋试验,是染整生产过程中的重要环节,也是印染企业的一项重要技术工作。随着新型纺织材料的开发与应用,纺织产品的花色品种丰富多彩,服装加工对染整产品的色光质量要求(符样率)不断提高,这给从事配色打样工作的技术人员提出了更高的要求。为了满足印染加工小批量、多品种、快交货的要求,企业应提供高速、高效、精准的打样技术服务。打样人员的职业素养、技能水平、打样设备的先进性和精准度、打样过程的管理等都不同程度地影响着打样效果,同时也直接影响着企业的产品质量、成本及效益。所以加强对打样人员的职业素质培养和操作技能训练尤为重要。

一、打样人员的职业素养与能力要求

1. 敏锐的辨色能力和必备的专业知识

　　打样工作者首先应具有正常的色觉,其次要对颜色敏感,应具备正确判断各种色光的能力。还应掌握拼色基本原理与方法、染化料助剂及纺织品的性能,尤其对仿色所用染料的色泽特征(包括色光、染深性等)要有充分地了解,并且对各类染料的三原色混色效果要有充分的了解,以便正确选用染料,快速、准确地配色、打样、放样,并投入生产。

2. 良好的操作习惯与娴熟的动手能力

　　正确的方法与规范的操作是打样成功的基本保障。因为打样操作直接影响到结果的准确性、染色的重现性及处方的可参考性等,所以打样人员务必养成规范操作的习惯。在规范操作的基础上提高操作的熟练程度,这样可以提高打样效率,对清洁实验、节能降耗、精细环保有着重要的意义。

3. 吃苦耐劳与科学严谨的职业精神

　　印染打样人员应以客户需要和服务生产为己任,一要保证打样质量,二要保证下单时间,三要保证放样成功率。所以应发扬吃苦耐劳的精神,耐得住不断重复而枯燥的工作,细致用心、科学严谨、持之以恒,通过分析、感悟各种不同的色彩,提高操作技能与心智技能。

4. 精细化工作的理念与态度

　　"精细化"是一种意识、一种观念、一种态度。打样配色的重现性、一次准染色和一次正品率等都与工作态度、管理理念有着密切的关系。俗话说,小样差一丝,大样差千里,作为印染打样人员必须明白此道理,并将"精准、细致、规范、严密"具体落到实处,尽量避免"千缸千色"现象的发生。

二、常用仪器设备的操作规程

(一)电子天平

试化验室常用的、较为精确的称量天平有电光天平和电子天平两种,根据不同的型号称量精度可从0.01~0.0001g,可根据称量要求选择。由于电子天平称量精确,使用便捷,所以企业应用较为广泛。

1. 仪器结构及特点

上海天平仪器厂生产的FA/JA系列电子天平,是采用MCS-51系列单片机的多功能电子天平,配有数据接口,能与微机和各种打印机相连。FA系列电子天平称量范围可由0~30g至0~210g,JA系列电子天平称量范围可由0~120g至0~260g,读数精度有0.1mg和1mg两种,其外形结构如图1所示。

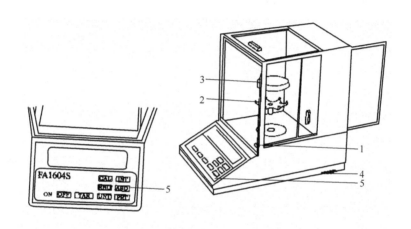

图1　FA1604S上皿电子天平外形结构

1—水平仪　2—盘托　3—称盘　4—水平调节脚　5—键盘

2. 操作规程

(1)观察水平仪,根据水泡偏移程度调整水平调节脚,使水泡位于水平仪中心。

(2)接通电源,此时显示器并未工作,当预热60min后按键盘"ON"开启显示器进行操作使用。

(3)当进入称量模式 0.0000g 或 0.000g 后,方可进行称量。

(4)将需称量的物质置于秤盘上,待显示数据稳定后,直接读数。

(5)若称量物质需置于容器中称量时,应首先将容器置于秤盘上,显示出容器的质量后,轻按"TAR"键(称消零、去皮键),显示消隐,随即出现全零状态,容器质量显示值去除,即去皮重。然后将需称量的物质置于容器中,待显示数据稳定后,便可读数。当拿去容器,此时出现容器质量的负值,再按"TAR"键,显示器恢复全零状态,即天平清零。

(6)若有其他特殊要求,可按下列功能键,使用方法详见产品说明书。

(7)称量完毕,轻按"OFF"键,显示器熄灭。若长时间不使用,应拔去电源线。

（二）标准光源箱

标准光源箱是能提供模拟多种环境灯光的照明箱,它广泛应用在纺织品、印染、印刷、塑胶、颜料、油漆、油墨、摄影等颜色领域,用来准确校对货品的颜色偏差。常见的标准有两大类,即英国标准和美国标准,英标型号主要有 VeriVide CAC60、CAC120;美标型号有 Gretag Macbeth Judge Ⅱ、SPL Ⅲ;Datacolor DCMB2028、DCMB2540 等。

1.仪器结构及特点

标准光源箱的结构如图2所示。

（1）标准光源箱箱体内壁为中灰色亚光面,一般配置有四光源、五光源、六光源等几种不同的光源。如 D65、TL84、CWF、A、F、U30、UV 等光源,具备测试同色异谱效应的功能。各标准光源的特点见下表。

（2）判断产品颜色时可提供更接近自然的日光效果,紫外线光波部分,可独立或与其他光源一并使用,能有效地检测染料及涂料上的荧光增白剂。

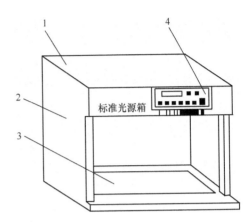

图2 标准光源箱示意

1—电源箱 2—箱壁 3—对色台 4—控制面板

表 标准光源箱各光源的特点

光 源	模拟灯光	功率(W)
D65	国际标准人工日光	18
TL84	欧洲、日本、中国商店光源	18
CWF	美国冷白商店光源	18
F	家庭酒店用灯、比色参考光源	40
UV	紫外灯光源(波长365nm)	20
U30	美国暖白商店光源	18
A	美国家庭及橱窗照明光源	60

2.操作规程

（1）接通电源,打开控制面板开关。

（2）按照要求选择不同的光源。如无特殊光源要求,选择 D65 光源。

（3）移走光源箱里的杂物,色样左右排列对色,注意对色的视角,一般以入射光45°或视角45°为佳。

（4）使用完毕,及时关闭灯箱。

3.操作注意事项

（1）一定要采用标准灯管,尽量与客户要求的光源一致。

（2）标准光源箱内不要留有杂物,只放置比色用的两个物品,以免影响对色效果。

（3）灯管使用时间过长应及时更换,防止光源老化而产生系统误差,一般以计时器不超过2000h 为限。

(三)常压高温染色小样机

染色试样机种类繁多,按加热方式不同可分为红外线、甘油浴和水浴;按染色温度不同可分为常压高温式、高温高压式和多用异温异压式;按染色时被染物运动方式不同,又可分为震荡式、旋转式等。

1. 震荡式染色小样机

振荡式常压高温染色小样机适用于各种织物常温染色试样,可在染色过程中方便地加入盐、碱等助剂,能准确模拟实际生产条件,达到需要的工艺效果。

(1)仪器结构及特点。常用的震荡式染色小样机结构如图3所示。

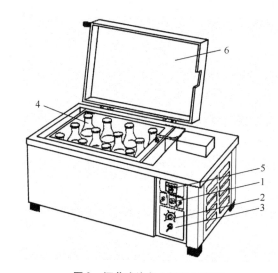

图3 振荡式染色小样机示意图
1—电源指示灯 2—电动机转速控制器 3—开关 4—玻璃锥形瓶
5—温度控制器 6—机盖

该仪器的主要特点是:

①不锈钢材质,配有精密加热系统和可编程温控电脑,可调节升温速率。

②不锈钢加热管,加热介质为水,最高温度为99℃,浴比1:5～1:20。

③卡杯方式为杯爪或弹簧结构,12只或24只250mL玻璃锥形瓶,任意放置。

④振荡速度往返50～200mm/min,振荡幅度36mm。

(2)操作规程。

①接通电源,检查仪表。

②按工艺要求,编制升温程序,设定温度、上染时间、保温时间。

③配置染液于玻璃锥形瓶中,织物用温水润湿,挤干,置于锥形瓶中,盖上瓶塞。

④启动开关,调整适当的震荡速度,开始染色。

⑤若中途需要加料,按暂停按钮,加入助剂后搅拌均匀,盖上瓶盖继续染色。

⑥染色结束,关闭电源,取出织物,水洗烘干。

(3)注意事项。

①玻璃锥形瓶装入卡座时一定要检查是否卡紧,防止松动,导致玻璃锥形瓶破损。

②瓶塞一定要塞紧,防止振荡时染液溅出。

③中途加助剂时,不能直接加到织物上,防止色花。

2. 旋转式染色小样机

旋转式常压高温染色小样机适应性广,试杯较大,可染稍大一些的织物,浴比可调,染色均匀,可用于纯棉织物染色及水洗牢度测试等。

(1)设备结构及特点。常用的旋转式染色小样机结构如图4所示。

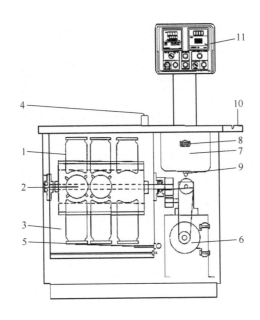

图4 旋转式染色小样机示意

1,2—试杯 3—箱体 4—机盖 5—探针 6—电动机 7—热交换器
8—温水出水管 9—冷却进水 10—开缸器 11—控制面板

该设备的主要特点是:

①试杯一般配有12~24只,材质为不锈钢,一体成型没有接缝,耐盐及酸碱。

②密封圈采用特别设计的垫片,正面为特弗龙,背面为耐高温硅胶、不易污染破损。

③使用微电脑数字显示温控器,并具有瞬间断电记忆功能,以保护染程运行过程中遇断电后重新运行而影响工作效率。

(2)操作规程(参见图5)。

①开启电源和进水阀门。

②按程序按钮编制染色程序,设定温度、上染时间、升温速率、保温时间等。

③选择所需规格的试杯配制溶液,织物置于试杯中,拧紧杯盖。

④将准备好的试杯装入卡口内,按电动机开启按钮。

⑤待进水完毕后转入加热状态,机器自动运行,运行完毕后,机器自动报警。

⑥将按钮转入冷却状态,待水温冷却至安全温度后,按电动机关闭按钮,取出试杯。

⑦按工艺要求进行水洗后处理。试验完毕,将试杯洗净,并松开杯盖,使其具有良好、持久的密封性。

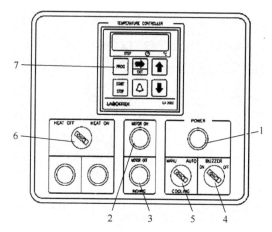

图5　旋转式染色小样机控制面板示意

1—电源指示灯　2—电动机开启按钮　3—电动机关闭按钮　4—电铃按钮
5—冷却开关　6—加热按钮　7—程序按钮

(3)注意事项。

①试杯盖一定要拧紧,防止旋转时染液渗出。

②试杯装入卡座时一定要检查是否卡紧,防止松动。

③试杯装入卡座时要尽量均匀分布,避免质量不均匀损伤设备。

④中途加助剂时,应戴上隔热手套,取出试杯并小心打开,以防烫伤。

(四)高温高压染色小样机

高温高压染色小样品种繁多,按加热方式不同分为水浴、甘油浴和红外线。

1.水浴加热式

国产RJ–1180型高温高压染样机是根据高温高压间歇式浸染法原理制造的,常用分散染料高温高压染色。其外形如图6所示。

(1)设备结构及特点。该设备主要由染色锅、传动系统、控制系统三部分组成。

染色锅为不锈钢材质,锅盖与锅身之间装有橡胶密封圈,因此加盖后可以保证高压锅密封完好。锅盖上装有压力表和限压泄放安全阀,保证染色锅安全工作。锅内一般可装染色管12只,每次最多可同时试验12种不同色泽的样品。锅身装有夹套,作降温用。

传动部分由电动机和减速机构组成,使被染试样在染色管内作往复升降运动,以保证染色均匀,同时打水

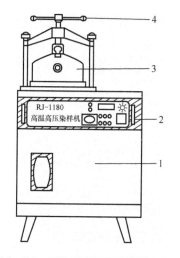

图6　RJ–1180型高温高压染样机外形

1—不锈钢锅体　2—控制面板
3—不锈钢锅盖　4—加压手柄

盘翻动加温介质使锅内温度均匀。

控制系统主要由测温毫伏计、双位温度调节器、继电器等组成,能模拟显示染杯内的温度、控制锅内温度并能自动延时及报警。升温速率调节是以时间比例方式控制电加热器工作。

(2)操作规程。

①接好电源、进水管和出水口,并检查橡胶密封圈是否完好。在锅内装入蒸馏水或软水,一般以装到锅口下面30~40mm为宜,热电偶测温杯内必须注满蒸馏水。

②将染杯放在染色锅架上,把被染物钩在染钩上,染杯内按浴比加入染液。

③开启总开关,然后开加热开关,调节升温速率旋钮,使升温速率符合实际要求。开启搅动开关,检查搅动升降器是否升降正常。

④关闭锅盖,旋紧密封螺丝装置,并注意两边螺丝必须同时旋紧。

⑤把温度调节器的旋钮定到所需温度值,打开排气阀,待温度升至95℃以上,锅内空气排尽后,关闭排气阀。

⑥在计时器上按染色要求把指针拨到规定染色时间,并开启延时开关。若需升温到定值时报警,可先将报警开关旋至"定值"处,待升温至规定值报警后,再换至"延时"处。计时从此时开始,这阶段为保温染色阶段。

⑦当到达规定时间时,信号器自动发出信号,立刻关闭加温开关,打开循环冷却(可以采用自然冷却),同时打开排气阀释压。

⑧当冷却至90℃以下时,把锅盖上密封螺丝装置放松,开启锅盖。

⑨关闭搅动开关和总电源,把被染物从染钩上取下清洗,取出染杯,洗净放在染杯架上。

(3)注意事项。

①关闭锅盖时,一定要检查是否对位密封,防止密封圈变形。

②开启锅盖前,务必检查压力与温度,确认正常后才能开锅,以免被蒸汽烫伤。

2. 红外线加热式

红外线染色试样机使用红外线加热,没有油烟的污染,比水浴、甘油浴加热清洁,安全,方便,试杯是斜置于轮盘上运转,不同于传统的垂直上下搅拌方式,可以防止染色织物产生折痕、色花。既适用于常压,又适用于高温高压,广泛用于棉、毛、化纤等纱线或织物的染色。

(1)设备结构及特点。由厦门瑞比精密机械有限公司生产的IR-24SM红外线染色小样机结构如图7所示。

该设备的主要特点是:

①整机采用不锈钢制成,试杯使用耐酸、耐碱材质,一体成型无接缝,不会滞留染料。

②采用计算机微电脑温控器,升温速率可任意设定。

③使用高效能变频机控制电动机,低转速、高转矩、低噪音,转速可调整0~60r/min。

④使用极限开关,开启机门时立即停止加热及轮盘转动。

⑤使用风扇循环冷却系统,24杯位转盘,并加装加热管保护风扇。

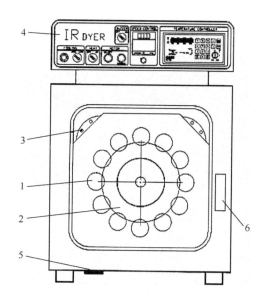

图7　IR－24SM 红外线染色试样机示意

1—试杯位置　2—转轮　3—红外线灯管
4—控制面板　5—限制加热开关　6—门钮

（2）操作规程。

①将试杯置于转轮上,同时要将探针插入探针杯内。

②选用事先已设定的正确程序(编程方法详见设备使用说明书)。

③开启加热开关,同时选择适度的转速。

④开启冷却系统开关。

⑤按下电动机旋转按钮,机器将按预先设定的程序执行。程序执行完毕后响铃。

⑥关闭加热开关、冷却,取下试杯继续冷却,然后开启杯盖,清洗染样及染杯。

（3）注意事项。

①必须先将染色流程设计好后,再输入电脑程序。

②每次试验必须更换探针杯子里的水,水的体积与染杯内染液的体积相同。

③每个杯子(含探针杯子)的水量不可有 ±1.5%误差。

④染色程序完毕后,试杯必须充分冷却,否则杯盖不易开启或烫伤。

⑤红外线染色机是以红外线加热产生热能染色,并根据实际探测杯内温度回传电脑而决定加热与否,因此不可在中途加入染杯。

⑥红外线机因实际探测一只杯子内温度而控制温度,所以每杯质量须相同。

⑦应特别注意设定升温速率最高不可超过 3℃/分,更不可设 0(0 表示全速升温);降温速率可设为 0(0 表示全速降温);注意启动段的温度和时间设定,否则温度有漂动现象。

⑧探针棒请务必放入探测杯底。

（五）小轧车

小轧车主要用于压轧浸渍各种处理液后的织物,使其均匀带液。目前染整实验常用的有立式和卧式两种。

1. 设备结构

由厦门瑞比精密机械有限公司生产的 P－AO 型立式轧车和 P－BO 型卧式轧车外形如图8、图9 所示。

2. 操作规程

（1）接通电源、气源及排液管。卧式轧车压紧端面密封板,关闭导液阀。

（2）按电动机启动按钮 5 及加压按钮 4,轧辊正常运行,旋转方向如图 10、图 11 所示。

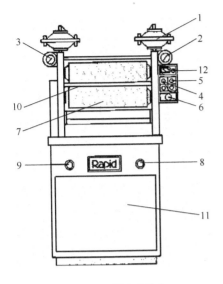

图8 P-AO型立式轧车

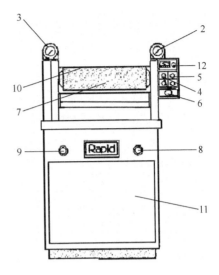

图9 P-BO型卧式轧车

1—膜阀 2,3—压力表 4—加压按钮 5—电动机启动按钮 6—紧急触摸开关
7—橡胶轧辊 8,9—压力调节阀 10—保险杠 11—安全膝压板 12—控制面板

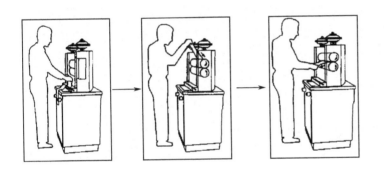

图10 P-AO型立式轧车轧辊旋转方向示意

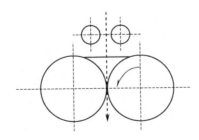

图11 P-BO型卧式轧车轧辊旋转方向示意

（3）分别调整左右压力阀8、9，顺时针方向为增加压力，逆时针方向为降低压力。调整后按卸压按钮，再按加压，重复2~3次，以确定所调压力无误后，向外轻拉调压阀到"LOCK"位置。

（4）用试验用布浸渍、压轧、称重，计算轧液率。重复上述操作，直至轧液率符合试验要求。

（5）准备好试验用浸轧液和织物、清洗轧辊、用浸轧液淋冲轧辊后浸轧织物。

（6）试验完毕，清洗轧辊，按卸压按钮和电动机停止按钮。

3. 注意事项

（1）轧车切忌反转，且不宜开机时擦拭和触摸旋转的轧辊。

（2）如遇紧急情况，压紧急触摸开关6或安全膝压板11，机台会自动停止运转，同时轧辊释压并响铃。按下紧急按钮后，机台无法启动，若要启动机器，请先将紧急按钮依箭头指示旋转弹起后即可。

（六）干燥（焙烘）箱

干燥（焙烘）箱主要用于织物、药品、玻璃仪器烘干及织物的焙烘固色等。根据其加热温度、控制方式等分为普通型、恒温恒湿型等，目前最常用的是数显式。其工作原理是工作室内的温度通过传感器转换后反馈至控温仪表，控温仪表经过比较运算后向控制继电器输出电信号，控制电加热器的加热量，最终使工作室内的温度达到所需恒定温度。

1. 设备结构及特点

常用的电热式干燥箱结构如图12所示。

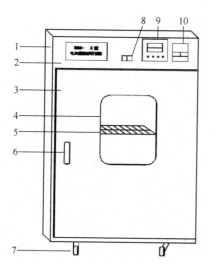

图12 DGG－A型电热式干燥箱示意
1—烘箱箱体 2—控制面板 3—箱门 4—观察窗
5—搁板 6—门拉手 7—烘箱轮脚 8—风机开关
9—温度控制器 10—电源开关

该设备的主要特点是：

（1）智能仪表具有自动控制时间的功能，到时自动停止加热。

（2）内胆为不锈钢材质，门的密封性能好，配有观察窗，便于对试品烘焙状态进行实时监控。

（3）具有超温保护装置，设备运行安全可靠。

（4）温度可控范围为0～300℃。

2. 操作规程

（1）设定超温保护器的超温报警温度。

（2）开机，设定仪表工作温度。

（3）打开箱门，把待烘干的织物用铁夹夹好挂到烘箱里，打开鼓风按钮，关紧烘箱门，听到"嗒"声即可。

（4）织物烘干后取出。干燥箱使用完毕，按下控制面板上的按钮并切断闸刀开关。

3. 注意事项

（1）试品搁板上放置的物品切勿超载，且试品与工作室壁及试品之间均应留有一定空隙，工作室底部不能放置试品。

（2）开机即发生报警断电时，请将超温保护值调节到大于工作温度的位置上。

（3）切勿将易燃易挥发及易爆的物品放入箱内作干燥处理。

（4）待烘干的织物一定要夹平，防止产生泳移，导致正反面色差。

（5）烘干时织物不能含湿太大，否则易使电热丝熔断。

（6）小心操作，防止烫伤。

（七）高温汽蒸（焙烘）机

高温汽蒸（焙烘）机主要用于实验室染色或印花固色工艺试验，根据设备功能可分为汽蒸机、焙烘机和焙蒸两用机。它具有烘干、热熔焙烘、饱和汽蒸等功能。

1. 设备结构及特点

由厦门瑞比精密机械有限公司生产的 H–TS–3 型高温蒸汽烘箱结构如图 13 所示。

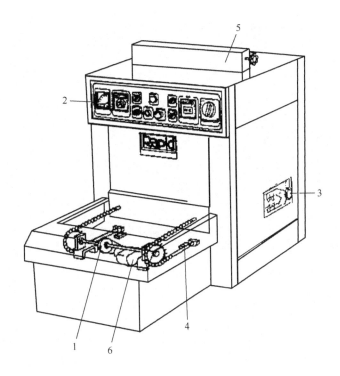

图13　H–TS–3型高温蒸汽烘箱示意

1—极限开关　2—控制面板　3—上下风量调整阀　4—输送轨道
5—排气管出口　6—输送电动机

该设备的主要特点是：

（1）采用特别针板设计，自动进料、退料、计时并响铃，操作简便。

（2）箱体及汽蒸烘箱内部均为不锈钢材质，耐腐蚀。

（3）采用数字显示温控器、数字型定时器，电气加热升温速率约8℃/min。

（4）使用蒸汽 5kg/h 间接蒸汽，15kg/h 直接蒸汽，入口处配置电热设计，防止蒸汽水滴的形成。

2. 汽蒸机操作规程

（1）调整蒸汽压力（见图14）。

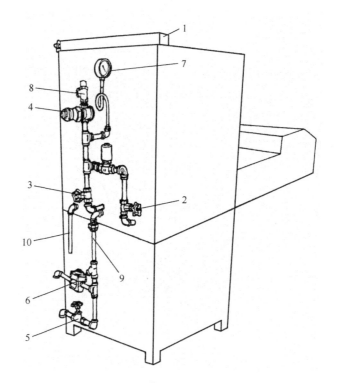

图 14 H－TS－3 型高温蒸汽烘箱后视图（蒸汽系统示意）

1—排气管出口 2—直接蒸汽阀 3—间接蒸汽阀 4—蒸汽调节阀 5—蒸汽排水阀

6—蒸汽疏水器 7—蒸汽压力表 8—蒸汽入口 9,10—旁管

①接通电源,开启电源开关(图15)。

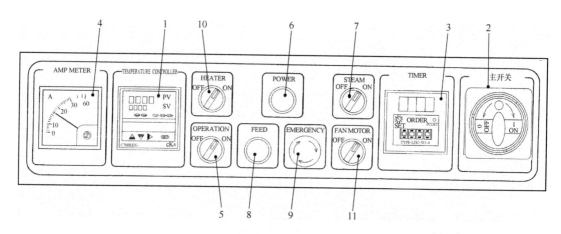

图 15 控制面板示意

1—温控器 2—电源开关 3—计时器 4—安培计 5—操作开关 6—电源指示灯 7—蒸汽开关

8—喂入按钮 9—紧急按钮 10—加热开关 11—电动机开关

②关闭直接/间接蒸汽阀,开主蒸汽供应阀。

③调整蒸汽调节阀,检查蒸汽压力表是否低于 $2kg/cm^2$。

④开蒸汽排水阀、开直接/间接蒸汽阀。

⑤重复②~④操作，重新检查蒸汽压力表压力。

⑥检查排水口是否有冷凝水排出，直到冷凝水排尽并有许多蒸汽排出时，关闭排水管阀。

⑦将蒸汽开关旋至"ON"位置（图15），调整直接蒸汽阀流量和排气管出口流量。

⑧检查温度指示表，温度是否达到饱和蒸汽温度98~102℃。

（2）预热设备。

①关闭间接蒸汽阀，依次开启操作开关、电动机开关和加热开关。

②设定温度到95℃，设备将自动升温至95~102℃。

（3）汽蒸。

①关闭加热开关，设定汽蒸时间。

②将准备好的布样固定于针板上，按喂入按钮，布样自动送入蒸箱汽蒸。

③时间到响铃，并自动将布样退出机外。

④开启蒸汽开关到"ON"位置，若汽蒸时间不变，则需连续②动作。

⑤使用完毕，打开排气口，将蒸汽开关旋转至"OFF"，关闭电源开关。

3. 焙烘机操作规程

（1）关闭直接/间接蒸汽阀，取出湿度探针以塞头封住。

（2）依次开启电源开关、操作开关、电动机开关。

（3）设定温度，并开启加热开关，同时设定时间。

（4）将布样固定于针板上，待温度达到设定温度后，按喂入按钮，针板自动进入烘箱。

（5）时间到布样自动退出同时响铃。

（6）使用完毕，打开排气口，并将加热开关转到"OFF"位置，待温度低于100℃，关闭电源开关。

4. 注意事项

（1）在紧急状态时可压紧急按钮，针板架会响铃并立即退出烘箱。

（2）如蒸化后有水凝结在布上，则针板架也要预热。

（3）改变汽蒸或焙烘状态，湿度探针要及时更换，否则湿度探针会损坏。

（八）连续轧蒸试样机

该试样机主要用于实验室打轧染小样及其他加工，适用于饱和蒸汽固色的染料染色，如活性染料、还原染料轧染等。织物压吸染液后进入蒸箱内，经短时间汽蒸而固色，可避免空气氧化等。它模拟大样生产工艺与操作，能获得较满意的重现性。现以台湾瑞比染色试机有限公司生产的 PS - JS 连续轧蒸试样机为例介绍。

1. 设备结构及特点

该设备主要包括一对卧式轧辊（宽度300mm，直径125mm）、一组染液槽（容量约500mL，使用后可自动喷淋清洗）、一组容布量为6m的蒸汽烘箱。布样滞留蒸箱内的时间可通过调整布速来改变，通过蒸箱的时间为20~120s，并以数字显示。蒸箱出口以水封槽式密封，水封槽另附温度控制器自动给水调节水温。汽蒸温度为102℃±2℃，有数字和指针式双重显示。其外形正面主视图如图16所示。

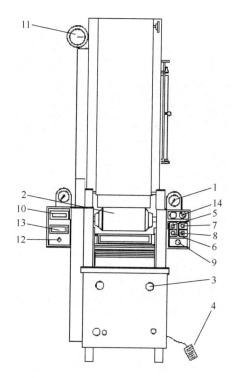

图16 PS-JS连续轧蒸试样机正视图

1—压力表 2—橡胶轮辊 3—调压阀 4—脚踏开关
5—加压按钮 6—减压按钮 7—电动机启动按钮
8—电动机停止按钮 9—紧急按钮 10—数位温度显示器
11—类比温度指示表 12—调速旋钮 13—滞留时间指示
14—染槽清洗开关

2. 操作规程

(1)查看压缩空气是否正常供应(最高使用压力为0.588MPa),导布辊和轧辊是否清洁;机器是否穿妥导布,同时另外准备一份导布。

(2)依次开启主电源系统、空压机、蒸汽系统,检查温度是否到达所需温度。

(3)调整所需轧液率;检查水封槽是否有水及温度设定。

(4)将染液或助剂倒入液槽,按电动机按钮及加压按钮。

(5)调整调速旋钮,并检查滞留时间表是否符合要求。

(6)织物浸透、轧压,通过橡胶辊进入蒸箱后,将液槽升降开关拨到"ON"位置。

(7)当织物通过水封槽后,按减压按纽及电动机停止按钮。

(8)取下织物,进行下道工序。

(9)试验结束,关闭蒸汽、水、压缩空气、电源等。

(10)开排水阀,清洁导布辊,将封口水排除。

(九)连续轧焙试样机

该试样机主要用于实验室打轧染小样及其他整理加工,适用于使用干热空气焙烘或定形的工艺,如分散染料热熔染色、树脂整理等。它模拟大样生产工艺与操作,重现性好。现以台湾瑞比染色试机有限公司生产的PT-J连续轧焙试样机为例介绍。

1. 设备结构及特点

该试样机由一组卧式轧辊(宽度300mm,直径125mm)、一组染液槽(内含4个液槽,每槽体积约100mL)、一组红外线、一热风烘房和一焙烘房组成。染色工艺流程为:浸轧染液→红外线烘干→热风烘干→热熔焙烘。其外形结构如图17所示。

2. 操作规程

(1)查看压缩空气是否正常供应,调整所需轧液率。

(2)清洗轧辊并擦干,按电动机按钮及加压按钮。

(3)织物浸渍染液后,经过卧式轧辊轧压,立即用两支夹布棒固定在连续运转中的链条上,夹布棒可由链条上的夹子固定。如图18所示。

(4)织物随链条运行,首先经过红外线烘干,再经中间烘干过程,即进入热熔烘箱中,最后

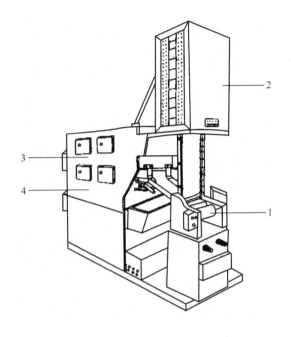

图 17 PT – J 连续轧焙试样机示意

1—二辊卧式轧车 2—红外线烘干 3—热风烘干 4—热熔焙烘

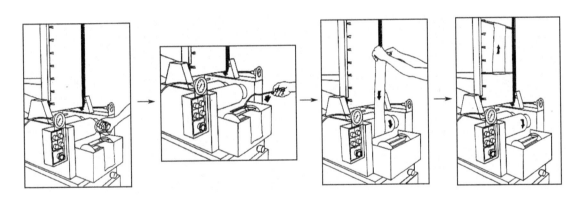

图 18 操作程序

自动退料到存放槽中。

（5）试验结束,清洗轧辊,按减压按钮及电动机停止按钮。

（十）自动称料与滴液系统

计算机自动滴液与配液系统已经广泛应用于印染厂化验室的打样过程的母液配制及染液的自动滴液工作中,可以部分替代传统的人工配液与滴液,可以使打样的效率、稳定性、重现性得到大大的提高。目前印染厂化验室染液自动滴液系统主要有两种,即有管路式和无管路式。主要生产厂家有美国 Datacolor、台湾宏益、台湾瑞比、台湾流亚等。有管路式计算机自动染色滴液系统存在管路污染的问题,因此应用日趋减少。无管路式化验室染液自动计量系统以其方便、高效、重现性好,为越来越多的企业所应用。

该系统硬件主要由两部分组成,即母液自动调制系统和染液自动滴液系统。现以美国 Datacolor 公司的无管路式染色自动滴液系统为例介绍。该设备可以设定调液流程,设定母液资料,精确称量并配制母液,在电脑上输入染色处方,并通过机器手臂实现自动吸料、自动加水的全过程。工作原理如图 19 所示。

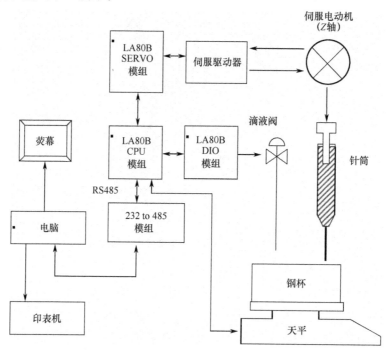

图 19　全自动滴液系统工作原理

1. 仪器结构及特点

(1) AUTOLAB SPS 母液调制系统。

①该系统包括天平检测、电磁阀检测、所有的输出点状态检测、加热器状态检测等。操作面板有温控器、加热智能钮、紧急停止钮、自动/手动切换钮、加料确认钮、加小管冷水钮、加大管冷水钮、加热水钮、冷水补充钮、热水补充钮等。如图 20 所示。

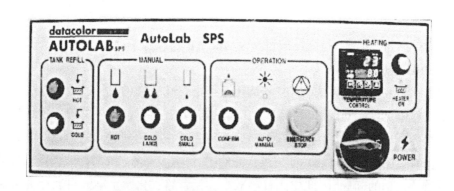

图 20　AUTOLAB SPS 母液调制系统操作面板示意

②该系统主要通过电脑软件控制来完成整个母液的调制过程,调制出所需染液浓度。

(2)AUTOLAB TF 滴液系统。以 AUTOLAB TF－80 型全自动滴液系统为例,如图 21 所示。

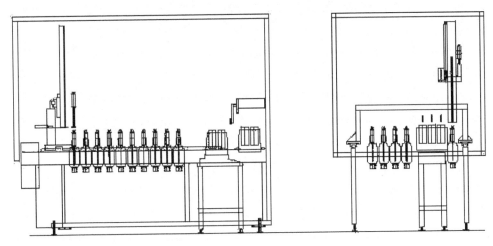

图 21　AUTOLAB TF－80 全自动滴液系统示意

①该系统主要通过电脑控制机械手臂作为运输和计量的媒介:通过针筒将不同浓度、不同颜色的母液移动至计量区,以完成每个配方的滴液工作。染液以重量法计量;水和助剂通常以体积法(也可以通过设定重量法计量)。

②染液瓶区:即放置染液瓶子的区域,染液瓶数量是根据客户的机台型号所定(一般有 TF－40、TF－80、TF－120、TF－160)。每个瓶子底部有磁石搅拌器,可防止染料沉淀;每个瓶子都配有一个注射器。

③助剂瓶:只包含于带输送带的机型,如 TF－88、TF－128、TF－168。适用于放置化学染剂,有七个助剂瓶和一个水瓶,用滤水器来确保供给的水无杂质。

④化学助剂自动补充功能:有六个助剂补充瓶。输送带装置将杯托带至计量区。

就外形而言,除了 AUTOLAB TF 型柜式以外,现在还有圆盘式的,如图 22 所示。

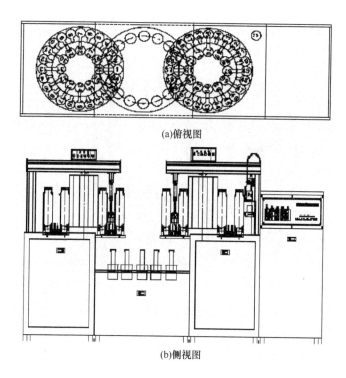

(a)俯视图

(b)侧视图

图 22　AUTOLAB Modulo GT 72/00(W)圆盘式全自动滴液系统示意

2. 操作规程

(1)AUTOLAB SPS 化验室母液自动调制系统操作规程。

①按下主电源钮,则"LED 显示器"会亮起,开启"自动/手动"按钮(图 23、图 24)。

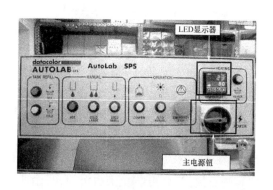

图 23　主电源钮

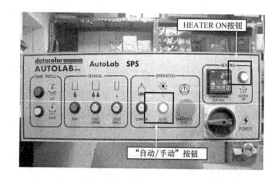

图 24　"自动/手动"按钮

②按下"SET"按钮,设定目标温度,开启"HEATER ON"按钮。同时检查热水箱是否满水位(图 25)。

③启动 SPS 程式,定义母液配制流程,如添加水量、水温、搅拌时间等(图 26)。

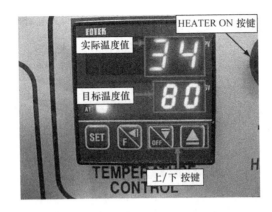

图 25　HEATER 控制界面

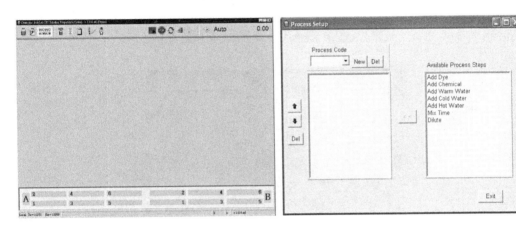

图 26　SPS 程式

　　④确认 SPS 与 DP 系统连接,取得染液资料(需预先建立母液基础资料),确定母液参数(图 27)。

　　⑤选定需要配制的染液,连按两次右键。输入要配制的瓶号,准备配制(图 28)。

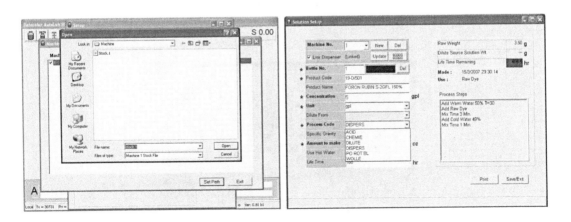

图 27　SPS 与 DP 系统连接

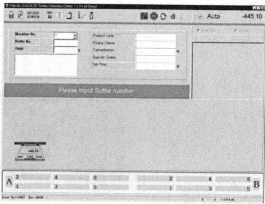

图28 选择母液瓶

⑥将干净的空瓶至于天平上,按屏幕显示步骤,完成配制程序(图29)。

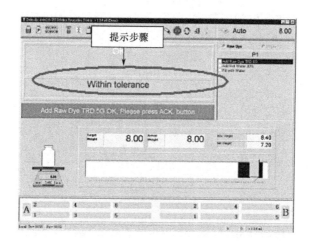

图29 称量配制

(2)AUTOLAB TF-80 无管路式染液自动计量系统操作规程。

①开启主电源开关,"OFF"灯亮。按下"ON"键启动系统,"ON"灯亮(图30)。

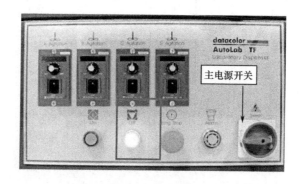

图30 主电源开关

②确认所有的搅拌速控器开关都切换到"ON"位置。

③检查并确认主气源压力在0.441~0.588MPa,入水压力在0.078~0.098MPa(图31)。

④开启AUTOLAB滴液控制程式连线系统,点图标 按钮,确认系统在"run"模式。

图31 检查压力系统

⑤开启DP程式,建立原料及母液资料库(图32)。

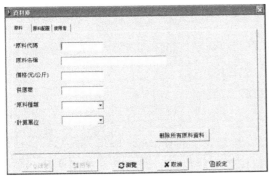
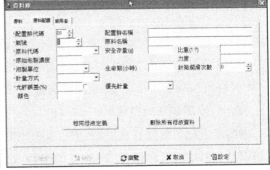

图32 开启DP程式

⑥手动建立配方或输入配方,建立滴液批次(图33)。返回电脑主界面,点图标 按钮。

图33 输入配方

⑦将空染杯置于杯托中后放在输送带上,按下机台上的"CONFIRM"钮,将杯托推入滴液区中,系统开始滴液,并按滴液批次列表中的顺序完成配方(图34)。

⑧一个批次配液结束后,杯托将被送回原位,取下染杯,进行下一批次的操作。

3.注意事项

(1)注意水箱的清洁卫生,若长时间不使用,用前要彻底清洁。

(2)母液周期一般设置三天,用完应及时重配补充。

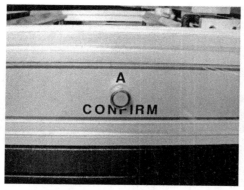
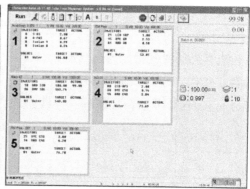

图34 CONFIRM按钮与滴液批次列表

（3）滴液过程中，如遇紧急情况，及时打开玻璃门，滴液动作急停。

（4）染液瓶要与母液资料对应，防止母液混淆，吸料出错。

（5）时刻注意滴液情况，防止滴管漏液，导致滴液不准。

（十一）电脑测色配色仪

电脑测色配色仪具有精度高、重现性好、速度快、资料便于保存、检索全面等特点，尤其适用于纺织品贸易中对颜色的仲裁，故在印染行业的应用越来越广泛。国内外常见的产品有美国Macbeth、Datacolor公司、X-rite爱色丽等。现以美国Datacolor 600型测色配色仪为例介绍，如图35所示。

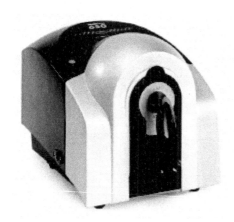
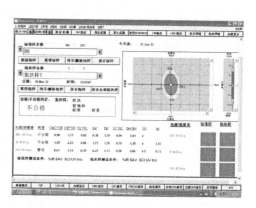

图35 电脑测色配色仪示意

1. 系统组成

（1）分光光度仪。双光束、闪光式，精度较高。

（2）测色配色软件。多语言操作系统，建立在Windows操作平台上。

（3）Datacolor系统电脑配置要求（建议）。CPU Intel i5-3450（3.10GHz，6MB，4C）以上；内存4GB；硬盘500 GB；屏幕分辨率1280×1024真彩色；21英寸16:9宽屏；显卡内存1024 MB；DVD光驱；端口为9针串口（RS-232串口）；操作系统为Windows XP Pro，SP 2，Windows Vista，

Windows 7。

(4)打印机。激光或彩色喷墨打印机均可。

2. 分光光度仪主要指标

(1)积分球式双光束分光光度计，硫酸钡涂层。

(2)测量几何状态：漫反射8°(d/8°)。

(3)测量多孔径：LAVφ30mm；MAVφ20mm；SAVφ9mm；USAVφ6.5mm。

(4)波长范围：360~700nm 测量范围。

(5)波长精度：3nm 测量分辨率或更小，双128位阵列接收或以上(双256位)。

(6)反射率范围：0~200%。

(7)光源：脉冲氙灯，模拟 D65 光源。

(8)测量时间：1s(包括数据处理)。

(9)仪器自身测量重现性：0.02 DECIELAB 以下。

(10)仪器间数据交换性：最好0.15DECIELAB 以下；一般0.35DECIELAB 以下。

(11)使用环境：5~40℃、20%~80%相对湿度(非凝结状态)。

分光光度仪测色原理如图36所示。

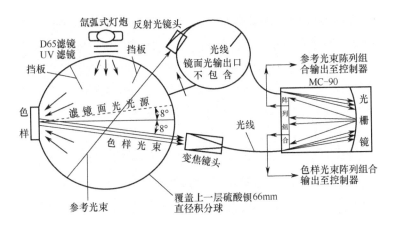

图36 分光光度仪测色原理示意

3. 软件主要功能

(1)染料基础资料的输入。为配色基础数据库建立做准备。

(2)色差测量。测定标准样和批次样色差值，控制产品质量。

(3)配方计算。在配色数据库基础上，提供配方计算功能，为打样仿色提供处方，提高仿色效率。

(4)品质控制。可以测定织物白度、灰卡评级、变褪色评级等。

(5)快速修色。可以快速提供修色处方，提高生产效率。

(6)可与化验室自动滴液系统连机使用。实施测色、配色与自动滴液连机使用，智能化生产。

图37 测色系统主界面

(7)色号归档。将合格配方存档,方便随时调用,送车间生产。

4.测色系统操作规程

(1)开机。打开电脑及分光光度仪→预热15min→点击测色软件图标→输入用户名和密码→点"OK"→打开测色系统主界面(图37)。

(2)测色条件设定。点"仪器"→点"仪器设定"→逐一设定测色条件(如镜面光泽、孔径、闪光次数、uv% 等)→点"设定值保存"(图38)。

(3)光源及观测者设定。点"光源/观测者"→点"选择"→在"可用的组合"中选择需要的光源(D65、A、CWF、U3000 等)→点"增加"(图39)。

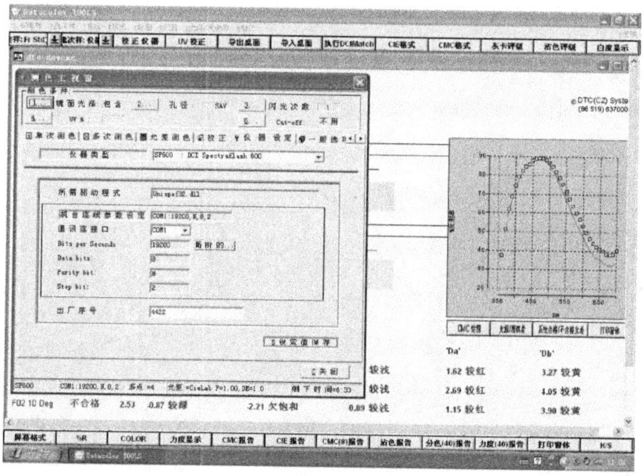

图38 测色条件设定

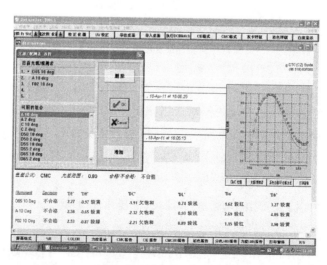

图39 光源及观测者设定

（4）仪器校正。点"仪器校正"→按命令校正（一般顺序为黑色吸光肼→白瓷板→绿瓷板）→校正合格仪器显示"诊断测色结果"界面→点"确定"（图40）。

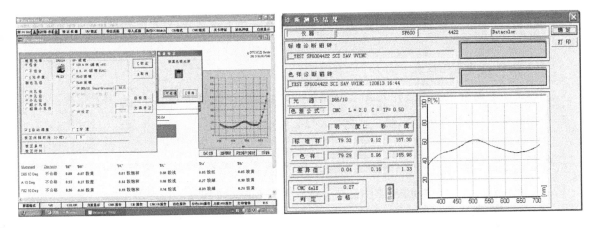

图40　仪器校正

（5）测色。将样品置于测色孔,按下列程序操作（图41）：

①点"标准样 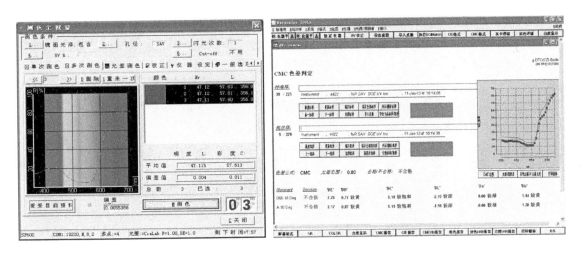"→选"仪器平均值"→点"测色"（根据需要测定次数,仪器自动计算平均值）→点"接受"→标准样测色结果显示。

②点"批次样 ⬆"→选"仪器平均值"→点"测色"（根据需要测定次数,仪器自动计算平均值）→点"接受"→批次样测色结果显示。

图41　测色

③比较不同光源下标准样和批次样测色结果（DE*、DH*、DC*、Da*、Db*等）。

（6）格式选择。根据需要选择下列格式。

①屏幕格式:点"格式"→屏幕格式→可分别选择"R% 反射率、CIE lab 色差、CIE 白度指数、CMC 格式、灰卡评级、沾色评级、白度显示、K/S 表观深度"等→确定。

②打印格式：点"格式"→打印格式→选择不同的打印格式。

③文件格式：点"格式"→文件格式→可分别选择"DTC－KS、DTC－Lab、DTC－Lch"等数据处理及保存格式。

（7）绘图输出。点"绘图"→可分别选择"曲线绘图、色差资料、绝对坐标绘图、趋势绘图、柱状图"等→确定。

5. 配色系统操作规程

（1）开机。打开电脑及分光光度仪→预热15min→点击配色软件图标![配色]→输入用户名和密码→点"确定"→打开配色系统主界面（图42）。

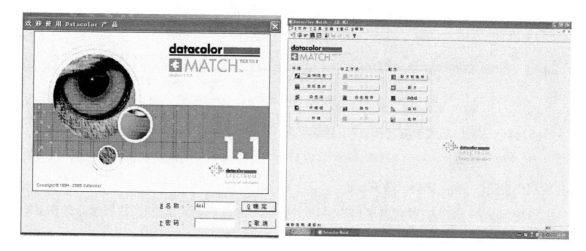

图42 配色系统主界面

（2）校正分光光度仪。点"仪器"→点"仪器校正"→按命令校正（一般顺序为黑色吸光肼→白瓷板→绿瓷板）→校正合格后显示"诊断测色结果"界面→点"确定"（图43）。

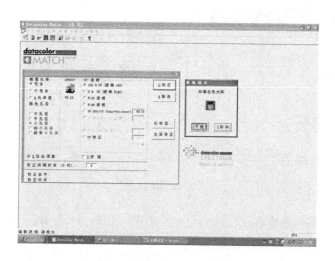

图43 校正分光光度仪

（3）配色基础数据的录入。

①由配色系统主界面依次点"纤维"/"纤维组"/"染色法"/"品种/类型"→录入基础数据→点"保存"（图44）。

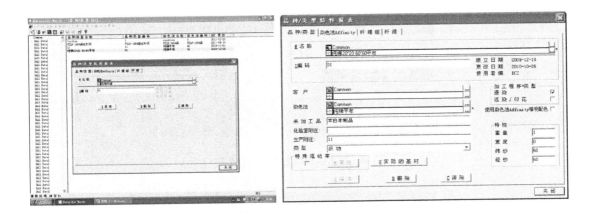

图44　配色基础数据的录入步骤一

②点图标 回到配色系统主界面→依次点"助剂"/"染色程序"→录入基础数据→点"保存"或"插入"（图45）。

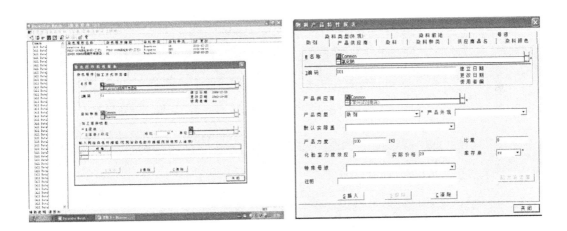

图45　配色基础数据的录入步骤二

③点图标 回到配色系统主界面→点"染色组"→点导航栏"染色组"下的"新增"→单色样由浅到深测色（点图标 ）→点"保存"（图46）。

（4）待配色样测色。点图标 回到配色系统主界面→点"配方"→ 将待配色样置于测色孔→点图标 →输入标准样名称→测色（点图标 ）→色样录入配色系统（图47）。

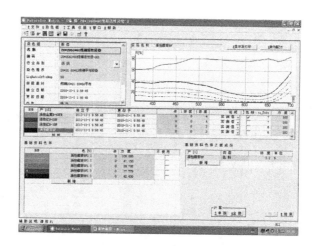

图46　配色基础数据的录入步骤三

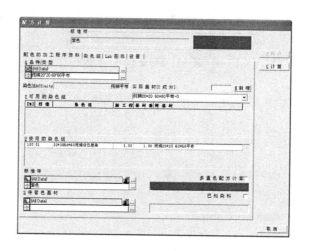

图47　待配色样测色

（5）配方计算。选择"织物品种类型"→点"染色组"→选择合适的染料→点"计算"→预告配方→选择配方→打样（图48）。

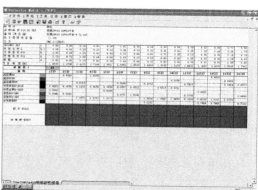

图48　配方计算

（6）修色。分别将标准样和待套色样置于测色孔→输入标准样/待套色样名称→测色（点图标 ![icon]）→点"染色组"→选择修色染料→点"计算"→预告修色配方→选择修色配方→打样（图49）。

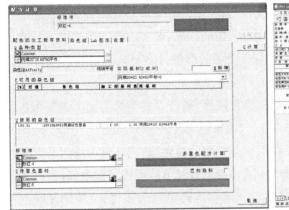 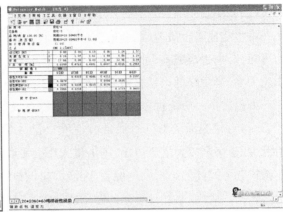

图49　修色

三、工艺参数调整与控制方法

控制合理且稳定的工艺，是打样的关键。染色是一个动态的过程，染色体系是纤维制品、染料助剂、水等介质三位一体的复杂系统，由于受设备、环境、染料助剂、水质等因素影响，染色工艺条件（如温度、浴比、pH值等）会随染色时间的延续发生一定的变化，导致控制条件与打样实际条件存在一定的差异。所以学会各种工艺参数的调整与控制方法，了解打样过程各参数的变化规律，可以较好地掌控染色过程，提高染色打样的效果。

打样方法是根据大样生产工艺要求选择的，主要有轧染或浸染两种方式。轧染主要工艺参数有轧液率、车速、温度等，浸染主要工艺参数有浴比、温度、时间、pH值等。

（一）轧液率

轧染打样时，应根据织物的纤维类别、厚薄、加工工艺要求等合理调整轧液率，若轧液率太高，烘干时染料泳移严重而导致染花；轧液率太低，带液量少，影响得色量；轧液率不均匀，易出现深浅边现象，且重现性差。所以调整合适、均匀的轧液率，是轧染打样的基本保证。轧液率调整方法如下。

1.复写纸法

取两张白纸，光面朝外，毛面朝里，中间夹一张新的蓝印复写纸。将小轧车释压抬起，把预先准备好的三张叠层纸置于两轧车中间，加压2~3min后释压，取出叠层纸中的复写纸，并观察上下两层白纸上的蓝印渍。若左右压印宽、窄相同，深浅一致，则表明轧车左中右压力均匀，反之则不均匀。若轧车轧辊较宽，复写纸较小，可以裁取三条，分别放在轧车的左、中、右，用同样的方法检测。

2.布条法

取干布（打样用半制品）三条，分别称其干重。取清水一杯，将三块织物按相同的方法先后浸渍,并在轧辊左中右不同的位置轧压,然后称得湿重,按下列公式计算轧液率。通过比较三块织物的轧液率大小了解轧车左右的压力是否一致。

$$轧液率 = \frac{轧后湿布质量 - 轧前干布质量}{轧前干布质量} \times 100\%$$

(二)浴比

染色浴比与上染速率、上染百分率、匀染性等有着密切的联系,太大的浴比还涉及水与能源的消耗,影响生产成本;过小的浴比会增加织物与生产设备的摩擦,影响产品外观与手感,加工疵病增多,严重降低产品合格率。所以,只有恰当的浴比才能达到效益最优。

染色浴比一般依据染料性能、织物组织与规格、染色浓度、染色设备等确定。一般棉布卷染 $1:(3 \sim 4)$,棉布绳状染色 $1:5$,液流染色 $1:(8 \sim 10)$,气流染色 $1:(3 \sim 4)$。但打小样时,因织物用量少,若完全按大生产浴比,则浴量太小会影响织物及染液的循环,造成染色不均匀。尤其是挂钩式上下搅拌的小样染色设备,因液面过低,小样随挂钩上升时可能不被液面全部浸没,造成严重色花。所以,通常打小样的浴比要比大生产的浴比大些。若染色浴比过大,特别是水溶性染料,如活性染料、酸性染料、中性染料等,残留在水中染料总量较多,导致上染率降低。当小样放大样时,相对染色浓度增加,容易造成色深现象,这也是导致大小样色差、间歇式染色"千缸千色"的原因之一。所以小样浴比与生产实际浴比相差不宜过大,否则会影响放样的准确性。对于浸染法小样染色而言,被染物全部浸渍于染液中是保证匀染性的前提,从各种小样染色样机的实际使用可知,$1:20$ 的染色浴比几乎就是最低极限。人工打样浴比根据具体情况可能需要适当放大些。在企业化验室实际打样时,小样质量一般控制在 $4 \sim 5g$ 左右,一方面是为了能够降低浴比,争取与生产浴比相同或相近。另一方面是为了便于观察染色均匀性。

大量实验表明,浴比对活性染料的染色效果影响最大,其次是酸性和中性染料,分散染料影响最小。因此不管是小样还是大样,染色浴比应稳定。所以打小样时,为了使浴比在染色过程中自始至终保持不变,应采用密闭的容器染色,若采用普通打样机,注意选用三角烧瓶,且液量不宜过多,避免振荡时染液溢出。若采用染杯水浴锅打样,应合理加盖表面皿,以减少染液的蒸发。

(三)温度

染色温度是影响染料上染和固色的关键因素,一般应根据染料的染色性能确定。尤其是对染色温度敏感的染料,严格控制染色温度更为重要。

通常染色机的实际温度与机台仪表测试温度不一致,主要是由于温度传感器、温度信号连接线与连接点,以及温度仪表与电脑的测温精度不够所致。所以,打样时,应熟悉打样设备的性能,了解每台小样机实际温度与检测温度之间的偏差规律,从而合理校正仪器,有效地控制染色温度。染色机温度的校正方法如下。

1. 专门仪器校正法

将金属温控探头深入染浴,待机器运行稳定后看仪表数据与机器上显示数据的差异,大于 $2\degree C$ 时应进行修正,详见仪器使用说明书。染样机使用前温度必须校正,使用后一定周期内也必须定期校正。

2. 留点温度计校正法

首先校正留点温度计，即将甘油槽（或甘油试色机）加温到适当温度后，把标准温度计探针与留点温度计探测点靠紧在一起，放入甘油槽量测 5～10℃ 后，查看两者的差异，于是得到留点温度计的补偿值。然后将留点温度计放入染液，待染色结束取出观察，表显温度即为染色实际温度。

应该注意的是，留点温度计读取数据前不可以"甩动"，否则读数不准，"甩"会将温度计归零。由此可见，旋转式的染色小样机一般不适宜用此法。

造成温度偏差的原因有温控器本身的原因，另外，也有人为调整不当的因素所造成。

如高温高压染样机：每周清洗一次小样机，清理时把水全部放干，检查和清洗电热管表面。电热管表面的水垢，长时间不清理，不仅影响加热效率，还容易造成电热管的爆裂。清理时若发现电热管表面出现鼓胀或明显变形，应及时更换，以免影响加热速率。

如甘油浴染样机：随着甘油的挥发，打样机内部甘油的界面高度会逐渐下降。定期检查界面高度，随时补充甘油，是保证打样机加热效率、提高打样速度的有效办法。甘油浴染色小样机由于甘油的流动性差，温度控制不均匀。

红外线染色小样机：每天应该检查红外线打样机内控温参照杯内的液面高度。其液面高度过低，容易造成温度瞬间探测的波动现象。实际上把参照温度的染杯内部加满水就可以彻底杜绝温度瞬时检测的波动现象。检测染杯的温度长时间出现波动，会造成测温系统的失灵，最后影响整台小样机的寿命。

（四）时间

染色时间不仅影响得色量，也是保证匀染性的重要因素。浸染打样时，为了保证染深性、透染性和匀染性等，染色时间应得到充分保障，且与大生产工艺相同。因为没有足够的时间，染色不可能达到或接近染色平衡，染料不能充分移染。轧染时，应根据大生产浸轧方式、车速等工艺参数设计浸渍时间，尽可能接近大生产工艺条件，以免影响大小样符样率。

（五）pH 值

不同类型的染料对染色 pH 值要求不同，如活性染料浸染固色一般要求 10.5～11.0，分散染料高温高压染色一般要求 5～6。调节染浴 pH 值通常用酸、碱或释酸剂、释碱剂、缓冲剂等。当染液调配好后，根据工艺控制要求高低，选用 pH 试纸或酸度计测定其 pH 值。由于染色是一个动态的过程，染色 pH 值会随染色时间的延续而发生变化，而导致 pH 值变化的外来因素很多，如水质、染料、助剂、半制品等。所以控制染色 pH 值时应注意以下事项。

1. 染色 pH 值应保证一定的安全性

即指染色 pH 值在工艺要求范围内，能使大部分染料得色正常，色光稳定。如分散染料最安全的 pH 值为 4.5～5.5，若偏高，分散深蓝 HGL、大红 S－R、嫩黄 S－5G、红 FRL、红 HBBL 等染料得色量偏浅；若偏低，部分染料色泽萎暗。

2. 尽量选择缓冲剂或 pH 值调节剂

缓冲剂和 pH 值调节剂有助于稳定控制染色 pH 值。如单用冰醋酸调节 pH 值 4～5 用量只需 0.15g/L 左右，稍过量 pH＜4，此时染色体系对碱稳定性差，一旦遇到释碱物质，染色 pH 值就会波动,很难控制,染色重现性大大降低。所以分散染料染色、阳离子染料染色时用醋酸—醋酸钠调节 pH 最佳。活性染料浸染常用纯碱,因为它具有其他碱剂无法比拟的 pH 缓冲能力。其浓度控制在 5 ~25g/L 时,pH 值等于 10.65 ~ 10.99,正是中温型活性染料固色的最佳条件。

3. 重视染料、助剂、水质、半制品等对染浴 pH 值的影响

应加强检测,做到心中有数。因大多数情况下,染料、助剂、半制品都带碱,染色过程中有释碱现象。并且生产用水也有释碱现象,一般冷水 pH 值接近中性,加热后 pH 值有升高的现象。并且要规范检测方法,如织物是否带碱,应采用沸水浴处理 30min 后用酸度计测定。

4. 关注染色后残液的 pH 值

因染前调节的 pH 值并不等于染色过程中染浴的 pH 值,所以通过检测染色残液的 pH 值来有效调节、控制染前 pH 值更具有实际意义。

项目一　单色样卡的制备

一、任务书

单元任务	1. 配制染料母液（手工与自动称料滴液系统） 2. 染制活性染料浸染单色样卡 3. 染制酸性染料浸染单色样卡 4. 染制活性染料轧染单色样卡 5. 染制分散染料轧染单色样卡	参考学时	18~24
学习目标	1. 能正确使用常用的化学器皿和计量仪器 2. 能借助于自动称料滴液系统配制染液 3. 能正确制订常用染料的浸染、轧染染色工艺 4. 熟练并安全操作浸染、轧染常用仪器设备 5. 能染制均匀的单色样卡，明确其在仿色训练中所起的作用		
基本要求	1. 每2人一小组，每小组选择活性染料、分散染料、酸性染料三原色各一组染制单色样，浸染浓度不低于5档，轧染浓度不少于3档，活性染料浸染单色样卡应满足计算机模拟配色基础资料制备要求 2. 在教师的指导下，学生自行制订染色工艺、操作流程、实验方案等 3. 染液配制、打样操作规范且安全，样卡色泽过渡正常且均匀 4. 为提高工作效率，每3~5小组为一团队，通过分工合作配制染料母液、染制单色样卡，实现不同组合单色样卡的资源共享		
方法工具	电子天平、自动称料滴液系统、水浴锅、小轧车、烘箱、常规玻璃仪器等		
参考文献	蔡苏英.染整技术实验[M].北京:中国纺织出版社,2009.		
提交成果	1. 活性染料浸染、轧染单色样卡各一套 2. 分散染料轧染单色样卡一套 3. 酸性染料浸染单色样卡一套		
主要考核点	1. 单色样卡染制方案的合理性 2. 实验操作的规范性和安全性 3. 样卡制作的质量		
评价方法	实践操作:过程考核 样卡制作:染色均匀，浓度梯度正常，贴样规范且美观		

二、知识要点

打样是一项技能，打样准确性和速度主要取决于打样者基础资料和经验的积累。因此，对初学者而言，可以将常用染料按若干档浓度染色，制备成单色样卡，由此了解各拼色染料的色泽、色光、染深性等，以供打样时选择染料、确定浓度作参考。

(一)染色工艺制订

活性染料是目前印染行业应用最多的一类染料,它色谱齐全、色泽鲜艳、工艺简单、各项牢度较好,广泛应用于纤维素纤维制品的机织物、针织物染色与印花。其染色打样工艺参考如下。

1. 活性染料浸染

活性染料浸染常采用一浴二步法中温型染料染色,如 B 型、M 型、KN 型等,染色方法为升温法和恒温法两种,升温法匀染性、固色率、湿处理牢度等相对较高;恒温法工艺控制方便,重现性好,一般应依据大生产染色方法与设备进行选择。

(1)染色处方及工艺条件(表 1 - 1)。

表 1 - 1 活性染料浸染处方及工艺条件

处方与条件	中温型(恒温法)			中温型(升温法)
染料(owf)	< 1	1 ~ 3	> 3	1 ~ 3
食盐(g/L)	10 ~ 15	15 ~ 25	30 ~ 50	20 ~ 30
纯碱(g/L)	10 ~ 15	15 ~ 25	25 ~ 35	15 ~ 25
上染温度(℃)	60 ~ 65			30 ~ 40
上染时间(min)	30			30
固色温度(℃)	60 ~ 65			65 ~ 70
固色时间(min)	30			30
浴 比	1:(30 ~ 50)			1:(30 ~ 50)

(2)染色曲线。

①恒温法。

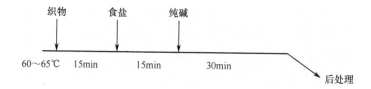

②升温法。

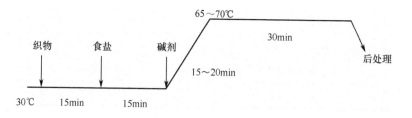

(3)后处理工艺。冷水洗→热水洗→皂洗(中性洗涤剂 3g/L,浴比 1:30,95℃以上 2 ~ 3min)→热水洗→冷水洗。

(4)工艺说明。

①经常搅拌和翻动织物,尽量不要让织物露出液面,尤其是开始染色和加入助剂后的 5 ~ 10min 内。且加入助剂时要将织物取出,待搅拌均匀后再投入。

②若采用升温法,碱剂也可在升温前加入,这样有利于匀染。

③对碱剂比较敏感的染料,如活性艳蓝 KN – R 等,可分批加碱,以保证其匀染。

④对温度比较敏感的染料,如活性翠蓝 KN – G 等,应提高染固温度至 70 ~ 75℃,以保证其良好的固色率与牢度。

⑤染色浴比应根据打样织物的特点与质量确定,若织物吸湿性好,手感柔软,质量在 4g 以上的话,可选用与大生产更接近的浴比 1:30。

2. 活性染料轧染

目前活性染料轧染染色工艺常用的有一浴法和二浴法两种,前者更适用于反应性较强的活性染料,如 X 型,后者适用于反应性较弱的活性染料,如 K 型。中温型、B 型活性染料两种方法都适用。

(1)一浴法。此法由于碱剂跟染料加在一起,染料的水解率较高,利用率较低,因此深色一般不宜采用此法。

①染色处方及工艺条件(表 1 – 2)。

表 1 – 2　活性染料轧染一浴法处方及工艺条件

处方与条件 \ 染色浓度		浅　色	中　色	深　色	特深色
染料(g/L)		<5	5 ~ 10	10 ~ 30	30 ~ 50
小苏打(g/L)		10 ~ 15	15 ~ 25	25 ~ 30	30 ~ 40
尿素(g/L)		0 ~ 10	10 ~ 15	15 ~ 20	20 ~ 30
渗透剂(g/L)		1 ~ 3			
抗泳移剂(g/L)		适量			
防染盐 S(g/L)		0 ~ 5			
汽蒸法	温度(℃)	100 ~ 102			
	时间(min)	2 ~ 2.5			
焙烘法	温度(℃)	140 ~ 150			
	时间(min)	2 ~ 3			

②工艺流程及主要工艺条件。浸轧染液(一浸一轧,室温,轧液率 65% ~ 70%)→烘干→汽蒸或焙烘→冷水洗→热水洗(75 ~ 80℃)→皂洗(中性洗涤剂 3g/L,95℃以上,2 ~ 3min)→热水洗(80 ~ 90℃)→冷水洗→烘干。

③工艺说明。

a. 先称(吸)染料,加入少量水,加入渗透剂,搅拌均匀后加入事先已溶解好的小苏打、防染盐 S,加水至规定量待用。

b. 为了防止染料泳移,染液中可加入 5% 的海藻酸钠 30 ~ 40g/L 作防泳移剂。

c. 汽蒸法应加适量防染盐 S,但可以不加或少加尿素。

d. 确认布的正反面后浸轧染液,不要将水溅到布上,以免形成水渍印。

（2）二浴法。由于此法碱剂与染料是分开的,因此染料的水解现象相对较少,染料利用率较高。目前在生产中此法应用较为广泛。

①染色处方及工艺条件（表1-3）。

表1-3 活性染料轧染二浴法处方及工艺条件

处方与条件	染色浓度	浅 色	中 色	深 色	特深色
染 液	染料（g/L）	<5	5～10	10～30	30～50
	渗透剂（g/L）	1～3			
	防染盐S（g/L）	5			
	抗泳移剂（g/L）	适 量			
固色液	纯碱（g/L）	10～15	15～20	20～25	25～30
	30%烧碱（g/L）	3	3	4	5
	食盐（g/L）	200	200	250	250
汽 蒸	温度（℃）	100～102			
	时间（min）	0.5～2			

②工艺流程及主要工艺条件。浸轧染液（一浸一轧,室温,轧液率65%～70%）→烘干→浸渍固色液（以均匀浸透为准）→汽蒸→冷水洗→热水洗→皂洗（同一浴法）→热水洗→冷水洗→烘干。

③工艺说明。

a. 先称（吸）染料,加入少量水,加入渗透剂,搅拌均匀后加入事先已溶解好的防染盐S,加水至规定量待用。

b. 二浴法轧染液中一般不加碱剂,这样染液稳定性较好,但对于那些反应性较弱的染料,为了使其充分固色,也可以在染液中加入适量弱碱剂,如小苏打等。

c. 为了减少织物上的染料在浸轧固色液时剥落,浸渍时间不宜太长,且固色液中的食盐最理想的是接近饱和溶液。

3. 弱酸性染料浸染

弱酸性染料色谱较齐全,工艺简便,是蛋白质纤维、锦纶染色常用的染料,其染色打样工艺参考如下。

（1）染色处方及工艺条件（表1-4）。

表1-4 弱酸性染料染色处方及工艺条件

处方与条件	染色浓度	浅 色	中 色	深 色
染料（owf）		<1	1～3	>3
醋酸钠（g/L）		1	1	1

续表

处方与条件＼染色浓度	浅 色	中 色	深 色
冰醋酸(mL/L)	0.5 ~ 1.5	1.5 ~ 3	3 ~ 5
调节 pH 值	4 ~ 5		
浴 比	1 : (30 ~ 50)		

（2）染色曲线。

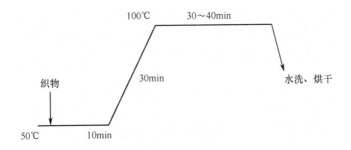

（3）工艺说明。

①该工艺适用于蚕丝、羊毛、锦纶等纤维制品染色打样。

②采用醋酸＋醋酸钠缓冲溶液可使染液 pH 值稳定,有利于提高打样重现性。

4.还原染料悬浮体轧染

还原染料色谱较齐全,各项染色牢度优良,是高档棉制品及棉混纺织物常用染料,其染色打样工艺可参考如下。

（1）染色处方(表1−5)。

表1−5　还原染料悬浮体轧染处方及工艺条件

处方与条件	染色浓度	浅 色	中 色	深 色
悬浮液	染料(g/L)	<5	5 ~ 20	>20
	扩散剂 NNO(g/L)	1	1	1
还原液	100% 烧碱(g/L)	15 ~ 20	20 ~ 25	25 ~ 30
	85% 保险粉(g/L)	15 ~ 20	20 ~ 25	25 ~ 30
氧化液	100% H_2O_2(g/L)	2		
皂煮液	肥皂或洗涤剂(g/L)	5		
	纯碱(g/L)	3		

（2）工艺流程及主要工艺条件。

浸轧悬浮液(一浸一轧,轧液率65% ~ 70%,室温)→烘干→浸渍还原液(30 ~ 40s,室温)→薄膜汽蒸还原(135 ~ 140℃,2min 左右)→冷水洗→氧化(30 ~ 50℃,1 ~ 2min)→水洗→皂煮(95℃以上,3 ~ 5min)→水洗→烘干。

（3）工艺说明。

①先称取染料，加入扩散剂调成浆状后加入少量水，搅拌均匀后加水至规定量待用。

②织物浸轧染液后烘干温度不宜过高，以防染料发生泳移，且烘干后织物应保管好，以防遇到水滴等。

③织物浸渍还原液的时间宜短，以免染料大量溶落导致得色过浅。塑料薄膜内空气应排尽，若留有气泡会影响染料的正常还原。

④可采用透风氧化，对于氧化速度较慢的染料应采用 H_2O_2 使其充分氧化。

⑤还原染料价格昂贵，缺乏鲜艳的大红色，一般生产牢度要求高、色光不易控制的卡其色、咖啡色、橄榄绿色等时才选择使用。

5.分散染料高温高压染色

分散染料色谱较齐全，牢度优良，是聚酯纤维制品及其混纺织品染色常用染料。高温高压染色打样工艺参考如下。

（1）染色处方及工艺条件（表1-6）。

表1-6　分散染料高温高压染色处方及工艺条件

处方与条件 \ 染色浓度	浅　色	中　色	深　色
染料（owf）	<1	1～3	>3
冰醋酸（mL/L）	0.5～1	1～2	1～2
醋酸钠（g/L）	1		
扩散剂 NNO（g/L）	1		
高温匀染剂（g/L）	1～1.5		
pH 值调节至	5～5.5		
浴　比	1:（30～50）		

（2）染色曲线。

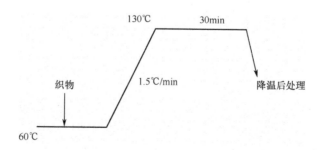

（3）工艺说明。

①先称取染料，加入扩散剂调成浆状后加入少量水，搅拌均匀后依次加入匀染剂、冰醋酸和醋酸钠，充分搅拌均匀后再加水至规定量待用。

②采用醋酸＋醋酸钠缓冲溶液可使染液 pH 值稳定，也可采用磷酸二氢铵 2g/L 来控制染

液 pH 值。

③染色程序执行完毕后,应强制冷却至100℃以下,然后打开染杯盖,取出织物后处理。

④后处理常采用碱性皂煮工艺:水洗→皂煮(3g/L 肥皂,3g/L 纯碱,95℃以上,2~3min)→水洗→烘干,若染浅艳色或混纺织物特深色时,为了确保色牢度通常需要还原清洗,工艺条件为:85% 保险粉 2g/L,烧碱 2g/L,浴比 1:30,70~75℃,3min,然后水洗、烘干。

6. 分散染料热熔染色

分散染料热熔轧染小样工艺参考如下。

(1)染色处方(表1-7)。

表1-7　分散染料热熔染色处方及工艺条件

染色浓度 处方与条件	浅　色	中　色	深　色
染料(g/L)	<5	5~20	>20
扩散剂 NNO(g/L)	1~2		
渗透剂(g/L)	1~2		
热熔温度(℃)	低温型 180~195℃,中温型 190~205℃,高温型 200~215℃		

(2)工艺流程及主要工艺条件。浸轧染液(一浸一轧,室温,轧液率65%~70%)→烘干→热熔(185~210℃,1.5~2min)→水洗→皂煮(同高温高压法)→水洗→烘干。

(3)工艺说明。

①先称取染料,加入扩散剂、渗透剂调成浆状后加入少量水,搅拌均匀后加水至规定量待用。

②染液中可加入 5% 的海藻酸钠 30~40g/L 作防泳移剂。

③织物浸轧后烘干温度不宜过高,防止染料发生泳移,且烘干后织物应妥善保管。

④尽量选用升华牢度较高、升华性能相近的分散染料三原色拼色。

(二)打样操作规范

1. 浸染

(1)织物准备。由于打小样时织物用量较少,尤其是打浸染样时不能忽略织物的称量误差,如织物或纱线含湿率对称重的影响等。另外,染色前应预先润湿备用。

(2)母液配制。打浸染小样时,为了保证打样的准确性,避免称料时所带来的人为操作误差,一般应将固体染料配制成一定浓度的母液使用。母液浓度原则上根据染色浓度决定,深色母液配制可浓些,浅色应配制淡些。染料母液配制好后倒入广口瓶备用,以方便染液的移取和减少相对误差。母液放置时间不宜过长(依据染料的稳定性和环境温度等),以防染料沉淀析出或水解等。化料温度与程序应依据染料本身的性质,一般水溶性染料不宜超过50℃,分散染料、还原染料不宜超过40℃,对于那些溶解性较差的染料可适当提高温度。

(3)称料计量。应尽量采用精确度较高的电子天平称量固体染料或助剂,有条件的尽量选择自动称料与滴液系统,以减少母液配制时的人为误差。同时要减少吸取染液时的操作误差,如吸取染料母液时,移液管外壁的残液应尽量擦拭干净。调整色光一般为微调,应将母液稀释一定倍数,以便准确计量且可操作。

(4)工艺控制。应严格控制工艺条件,且保持前后一致,如升温速率、染色或固色温度、保温时间、加料方式、皂煮时间与温度等。

(5)助剂添加。应按工艺要求适时、适量地添加助剂,尤其是人工打样,加料后要勤搅拌,保证助剂完全溶解,避免局部作用而染花。

(6)皂洗后处理。应按工艺规范进行皂洗、水洗、烘干。若采用熨干,一般色泽较呆滞,若采用自然晾干,色光较柔和。采用 90～100℃ 的热风烘干较合适。

2. 轧染

(1)织物准备。保证被染织物平整、干燥、含湿率均匀一致,并放置在清洁干燥处备用,不宜遇到水滴等污渍。

(2)染液配制。准确称量染料及助剂,减少误差,如打较浅的色样时,也可参照浸染方法配制一定浓度的母液。化料温度与加料程序依据染料本身的性质。

(3)浸轧烘干。根据工艺要求预先调试好轧液率,一般要求在 60%±5%,且做到左右均匀,浸轧方式与轧液率保持前后一致。一杯染液原则上只浸轧一块织物,大小以适合对样和均匀浸透为准,浸渍时间应保持前后一致,且参照大生产工艺,一般不宜超过 20s。浸轧后织物应妥善放置,做到防水渍,立即烘干。烘干应缓慢均匀,烘箱温度一般不宜超过 100℃,以防染料发生泳移,同时要烘透。

(4)固色工艺。烘焙箱内应保持热风循环,固色温度适宜、均匀,且前后稳定。

(5)皂洗后处理。同浸染。

(三)匀染措施

匀染是打样最基本的要求,一旦小样染花,将无法准确对样。影响匀染性的因素很多,如打样人员的操作习惯、认真细致程度、打样设备与条件、半制品质量等。为使小样具有良好的匀染性,应注意以下操作。

1. 浸染

(1)织物均匀润湿,染料充分溶解。干布比湿布吸色速率高得多,所以被染物带液均匀是均匀上染的前提,当然前处理时毛效均匀就更重要了。染料溶解也是保证均匀上染的前提,染料溶液是一个复杂的胶体溶液体系,此体系的稳定性受染料结构、溶液温度、pH 值、电解质用量、溶液放置时间等因素的影响,所以除了应根据染料本身的溶解性质选择合适的化料温度外,也不可忽略染料或染液的保管储存等问题,尽可能做到母液新鲜,随配随用,用前摇匀,用后密闭。

(2)始染温度合理,升温速率恰当。始染温度一方面应考虑染料的上染性能,对于亲和力较大、移染性较差的染料,始染温度不宜太高,且要缓慢升温。另一方面需考虑被染物纤维成分、织物结构等,如玻璃化温度较低的纤维制品一般始染温度低些。为保证匀染,必要时还可以采用中途保温,如中性染料染锦纶、阳离子染料染腈纶等。

(3)助剂用量科学,添加方式合理。助剂的添加量、加入时间与加入方式是匀染的关键。

如活性染料染色时,电介质用量一般不宜超过60g/L,否则浓度太高,会破坏染料溶液的胶体性质,溶解稳定性下降,引起染料凝聚而产生色点、色渍,尤其是活性翠蓝是典型代表。固色剂的加入,会打破染料原有的吸色平衡,在固色的同时,发生第二次快速吸色,此时极易染花。所以活性染料打样时,纯碱不宜加入太早,不宜直接投在织物上,添加碱时最好将被染物捞起,待助剂溶解、搅拌均匀后再将织物投入。对于那些对固色剂较敏感的染料,如活性艳蓝等,最好采用分批加碱或预加碱方法染色。

(4)适时、正确、勤快搅拌。搅拌的目的是让染液循环,使织物均匀地浸没在染液中,且不断地使其变换位置,保证染料均匀上染。尤其是加促染剂后,染料上染速率提高,加固色剂后,染料移染性大大降低,更应勤搅拌。

(5)确保染色温度与时间。染色温度和时间是保证染料充分上染和移染的基础,所以任意缩短染色时间和降低染色温度,都有可能造成染色不均匀现象,尤其是对于那些本身匀染性较差的染料,若在工艺范围内提高染色温度、延长染色时间则匀染性可明显得到改善。

(6)分色分浴后处理,防止相互沾色。染色完毕,不同颜色的织物不宜置于同浴皂煮,以免相互沾色。

(7)正确烘(熨)干,防止染料沾色或热迁移。染色小样若采用熨干方式,最好烘至半干再熨烫,且注意不要使用被污染的熨烫衬布,以免被沾污。

2. 轧染

(1)织物含湿率均匀,轧车轧液率一致。被染织物布面不宜有水渍和污渍,毛效与白度均匀。轧车保持左中右一致,并始终保持在同一处轧压。

(2)均匀烘干,妥善保管。织物浸轧后,用手小心提取布边,将其平整夹持在烘箱中烘干,烘箱温度不宜太高,以100℃左右为宜,且不宜采用接触式烘干方式,防止染料发生泳移,必要时可添加适量防泳移剂。织物烘干后,在未固色前应妥善保管好,放置在干净、干燥的地方,防止遇到水渍及其他化学品。

(3)均匀固色,合理后处理。干焙固色时,焙烘箱应保证热风循环,使织物受热均匀,且织物应烘透后再按工艺要求焙烘,防止高温焙烘时染料发生泳移。汽蒸固色时,蒸汽压力应保证,防止水渍疵布。若采用薄膜汽蒸法,要将空气赶尽,且保持密封。若需浸轧固色液,则浸轧带液量应均匀。后处理同浸染。

三、技能训练项目

(一)配制染料母液

1. 任务

(1)配制轧染单色样卡染色用染料母液:浓度为20g/L,采用人工配制。

(2)配制浸染单色样卡染色用染料母液:浓度为2g/L,采用自动称料与滴液系统配制。

2. 要求

(1)以项目团队为单位,采用分工合作的方式配制染料母液,每小组承担1~2只染料配制任务,并且实行任务负责制、成果共享原则。

（2）为保证单色样卡染制质量，应确保染料母液配制的正确与精确性。

3. 操作程序

（1）轧染染料母液配置（20g/L，人工配制）。取 100mL 洁净的小烧杯一只，置于电子天平上，归零后精确称取 1.00g 固体染料，取下烧杯，用少量温软水（不超过 50℃）调成浆状，再添加少量温软水化开并溶解。然后将染液移入 500mL 容量瓶中，用少量软水反复冲洗小烧杯，并将洗液倒入容量瓶中，最后定容。加盖后摇匀，按要求（标注染料全称、浓度、配制日期等）贴好标签备用。

（2）浸染染料母液配置（2g/L，自动调制系统配制）。

①原料资料的建立（图 1－1）：打开母液配置系统主界面→点"资料库"→点"原料"→逐行输入原料资料（如代码、名称、价格、供应商、原料种类、计算单位等）→点"确定"。

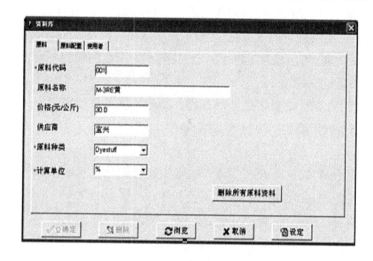

图 1－1　原料资料的建立

②母液资料的建立（图 1－2）：点"原料配置"→逐行输入母液资料（如瓶号、原始代码、母液浓度、单位、生命期等）→点"确定"。

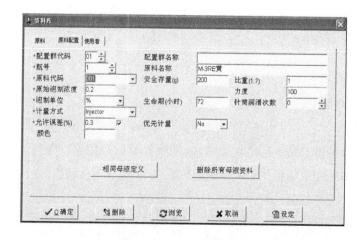

图 1－2　母液资料的建立

一般将常用的染料按不同的浓度编成代码,代码与母液瓶号一致,代码不要随意更改,防止不同的操作人员产生错误。

编辑原料代码:001　　活性黄 M－3RE 2g/L

002　　活性红 M－3BE 2g/L

003　　活性深蓝 M－2GE 2g/L

004　　活性翠蓝 KN－G 2g/L

005　　活性艳蓝 KN－R 2g/L

006　　活性嫩黄 M－7G 2g/L

007　　活性大红 B－3G 2g/L

③仪器准备:打开母液自动调制系统开关,检查自动称量系统的各个仪表是否正常,打开自动加水分阀(详见 AUTOLAB SPS 化验室母液自动调制系统操作规程)。

④母液调制(图1－3):取得母液资料→按程序提示完成母液的配置→配置母液。

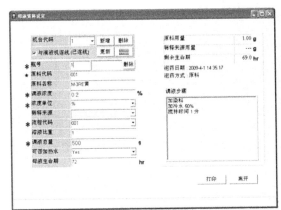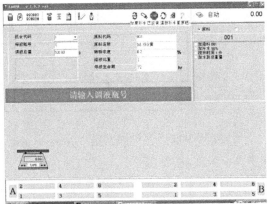

图1－3　母液调制

(二)染制活性染料浸染单色样卡

1.任务

选取三原色(常用活性染料三原色见附表一),必要时也可增加其他色泽的染料,如活性黄 M－3RE、活性红 M－3BE、活性深蓝 M－2GE、活性嫩黄 M－7G、活性大红 B－3G、活性艳蓝 KN－R、活性翠蓝 KN－G 等。按5~8档浓度分别染制单色样卡(图1－4)。如:

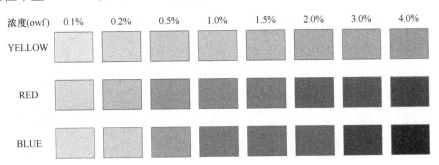

图1－4　单色样卡

2. 要求

(1)若单色样卡作为后续电脑测配色基础资料使用,则至少选择 8 档浓度。最低浓度、最高浓度及浓度梯度可根据具体染料的特点,如上染速率、染深性等作适当的调整,原则上应包含浅、中、深 3 档浓度。

(2)单色样卡色泽、色光、浓度梯度正常,匀染性好,贴样规范、美观。

3. 操作程序

(1)将固体染料分别配制成 2g/L 的染料母液备用。

(2)按处方计算各浓度单色样所需的染料母液体积及助剂用量。

$$吸取染料母液体积(mL) = \frac{织物质量(g) \times 染色浓度\%(owf) \times 1000}{母液浓度(g/L)}$$

$$助剂实际用量(g) = \frac{助剂浓度(g/L) \times 染液体积(mL)}{1000}$$

以织物 2g、浴比 1:50 为例,染料母液体积计算结果如表 1-8 所示。

表 1-8 母液体积

编 号	1#	2#	3#	4#	5#	6#	7#	8#
染色浓度(owf)	0.1%	0.2%	0.5%	1.0%	1.5%	2.0%	3.0%	4.0%
母液体积(mL)	1	2	5	10	15	20	30	40

(3)准确吸取染料母液至清洁染杯中,按浴比加水至规定浴量,并置于恒温水浴锅加热至规定染色温度(按恒温法)。

(4)将预先用温水润湿、做好标记并挤干的织物分别投入各染浴,搅拌均匀,并使其完全浸没于染液。

(5)染色 15min 后加入食盐,搅拌溶解后续染 15min,加入碱剂,搅拌溶解后固色 30min。

(6)染毕,取出织物水洗、皂洗(中性洗涤剂 3g/L,浴比 1:30,95℃以上,2~3min)、水洗、烘干。

(7)按要求贴样,制作单色样卡。

(三)染制弱酸性染料浸染单色样卡

1. 任务

选取 4~5 只弱酸性染料,如弱酸性黄 3GS、弱酸性大红 G、弱酸性深蓝 GR 等,按 5 档浓度分别染制单色样卡。

2. 要求

(1)5 档浓度建议为 0.1%、0.5%、1.0%、2.0%、3.0%。

(2)单色样卡色泽、色光、浓度梯度正常,匀染性好,贴样规范、美观。

3. 操作程序

(1)将固体染料分别配制成 2g/L 的染料母液备用。

(2)按处方计算各浓度单色样所需的染料母液体积及助剂用量(以染物 1g、浴比 1:50 计)。

（3）准确吸取染料母液至清洁染杯中，按浴比加水至规定浴量，加入规定量的醋酸钠，搅拌均匀后滴加冰醋酸，调节 pH 值为 4～5。

（4）将染液预热至50℃后，把预先用温水润湿、做好标记并挤干的被染物投入染浴，搅拌均匀后按规定工艺曲线染色。若在恒温水浴锅中染色，染杯应加盖表面皿，防止染液蒸发。

（5）染毕取出织物，用水洗净、烘干。

（6）按要求贴样，制作单色样卡。

（四）染制活性染料轧染单色样卡

1. 任务

选取 4～5 只活性染料，如活性黄 M－3RE、活性红 M－3BE、活性深蓝 M－2GE、活性嫩黄 M－7G、翠蓝 KN－G（或活性艳蓝 KN－R），按3～5档浓度分别染制单色样卡。

2. 要求

（1）轧染工艺染料用量较高，单色样卡浓度档可适当选择少些，以3档为例，建议浓度为 5g/L、10g/L、20g/L。

（2）建议采用一浴法工艺。为了清洁实验，建议将深色残液稀释后，添加适量的助剂用于浅色。

（3）单色样卡色泽、色光、浓度梯度正常，匀染性好，贴样规范、美观。

3. 操作程序

（1）将固体染料分别配制成20g/L的染料母液备用。

（2）按配制 100mL 轧染液计算各浓度单色样所需的染料母液体积及助剂用量。

（3）准确量取染料母液至清洁烧杯中，加入预先溶解好的碱剂溶液，加水至规定浴量，搅拌均匀。

（4）将织物投入染液，在室温下一浸一轧（浸渍时间为 10s 左右），浸轧后的织物立即悬挂在100℃左右的烘箱内烘干。

（5）将烘干的织物置于烘箱内，150℃焙烘 2min，然后按工艺要求进行水洗、皂洗、水洗、烘干。

（6）按要求贴样，制作单色样卡。

（五）染制分散染料轧染单色样卡

1. 任务

选取 4～5 只分散染料，如分散黄 H－2RL、分散红玉 H－2GF、分散红 3B、分散蓝－BGL、分散深蓝 H－GL 等，按3档浓度分别染制单色样卡。

2. 要求

（1）3档浓度建议为 5g/L、10g/L、20g/L。

（2）染色半制品可采用涤/棉（65/35）织物，为后续涤/棉织物仿色奠定基础。

（3）单色样卡色泽、色光、浓度梯度正常，匀染性好，贴样规范、美观。

3. 操作程序

（1）按配制 100mL 轧染液分别计算3档浓度单色样的处方用量。

（2）准确称取染料置于200mL清洁烧杯中，加渗透剂和少量水，充分调匀并加水至规定浴量，搅拌均匀后备用。

（3）将织物投入染液，在室温下一浸一轧（浸渍时间约10s），然后立即悬挂在100℃左右的烘箱内烘干。

（4）将烘干的织物置于焙烘箱内，在规定温度下热熔固色2min，然后按工艺要求进行水洗、皂洗、水洗、烘干。

（5）按要求贴样，制作单色样卡。

四、问题与思考

1. 为何打样时要配制母液？母液配制的基本原则有哪些？
2. 单色样卡浓度及梯度制订时应考虑哪些因素？
3. 哪些活性染料不易匀染？分析其原因，并提出合理建议。
4. 如何根据分散染料的不同类型合理制订打样染色条件？

项目二　三原色拼色宝塔图的制备

一、任务书

单元任务	1. 染制活性染料浸染三原色拼色宝塔图(10%浓度梯度) 2. 染制活性染料轧染三原色拼色宝塔图(20%浓度梯度)	参考学时	24~30
学习目标	1. 熟悉加法和减法混色原理的区别与联系,了解不同三原色的拼色效果 2. 能制订各种不同浓度及梯度的三原色宝塔图方案 3. 学会三原色拼色宝塔图的制作方法,明确其在仿色训练中所起的作用		
基本要求	1. 每2人一小组,每小组选择活性染料、分散染料三原色各一组,染制浸染、轧染宝塔图各一套,浓度梯度可根据学生的基础而定 2. 在教师的指导下,学生自行制订宝塔图染色方案和实验进程 3. 染色工艺合理、打样操作规范且安全,样卡色泽过渡正常且均匀 4. 为提高工作效率,每3~5小组为一团队,小组之间可选择不同的三原色组合方案,实现拼色宝塔图的资源共享		
方法工具	理论教学:多媒体教室、课件 实践教学:电子天平、自动称料滴液系统、水浴锅、小轧车、烘箱、常规玻璃仪器等		
参考文献	1. 沈志平. 染整技术(第二册)[M]. 北京:中国纺织出版社,2009. 2. 蔡苏英. 染整技术实验[M]. 北京:中国纺织出版社,2009.		
提交成果	1. 活性染料浸染三原色拼色宝塔图一套 2. 活性(或分散)染料轧染三原色拼色宝塔图一套		
主要考核点	1. 三原色拼色宝塔图方案的正确性 2. 实验操作的规范性和安全性 3. 宝塔图的制作质量		
评价方法	实践操作:过程考核 样卡制作:样卡染色均匀,颜色过渡正常,贴样规范且美观		

二、知识要点

三原色拼色宝塔图可作为打样初学者的辅助工具,使我们了解三原色以不同的比例拼混后所能得到的各种色泽效果,从而帮助我们仿色时确定拼色染料的配比。

(一)混色原理

色的混合是一个比较复杂的问题,但存在一定的规律,它们遵循"加法"混色和"减法"混色的基本原理。

1. 加法混色原理

所谓加法混色是指将两个或两个以上有色光同时(或交替)射入人的视觉器官(眼睛)时,产生不同于原色光的新颜色感觉的方法。此混色原理适用于彩色光混色,主要应用于彩色电视机、光学光路设计、色织物设计、荧光增白剂和荧光染料等。

当红光、绿光、蓝光以一定比例混合时,可得到白色光,当改变它们的混合比例时,可得到范围很广的颜色光,因此通常把红、绿、蓝三种色光定为加法混色的三原色。且 1931 年国际照明协会(CIE)还规定了标准三原色的波长为:红(Red)$\lambda = 700.0$nm、绿(Green)$\lambda = 546.1$nm、蓝(Blue)$\lambda = 435.8$nm。

加法混色的规律如图 2 - 1 所示。

若将混色图中的任意两个原色(光)相加,可得到一个二次色(光),如:红光 + 绿光 = 黄光,红光 + 蓝光 = 品红光,蓝光 + 绿光 = 青光。若两种不同颜色的光相加得到白光,此两种光互为补色光,这两种光的颜色互为补色关系。如:黄光 + 蓝光 = 白光,红光 + 青光 = 白光,品红光 + 绿光 = 白光。由此可见,图 2 - 1 中成对角线的原色(光)与二次色(光)互为补色关系。

自然界中存在无数组互为补色光,图 2 - 2 中列举了可见光范围内的互为补色关系。

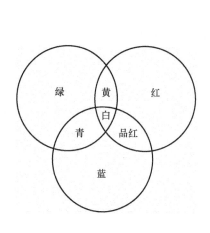

图 2 - 1　加法混色图

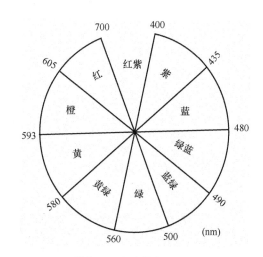

图 2 - 2　互为补色关系图

若将两个相邻的加法混色的二次色(光)相加可得到其中间的原色(光),如黄光 + 青光 = 绿光,黄光 + 品红光 = 红光,品红光 + 青光 = 蓝光。但拼混后得到的原色(光)亮度增加,这是因为经加法混色后,混合色(光)的亮度等于拼混前各颜色(光)的亮度总和。所以加法混色拼混次数越多,亮度越大,越接近于白光。

2. 减法混色原理

所谓减法混色是指将两个或两个以上的有色物体叠加混合,产生不同于原来有色物体颜色的混色方法。物体的颜色是由于它选择吸收某波长范围的可见光才显示出它的补色光的结果,因此减法混色实质上是颜色吸收的叠加。此混色原理适用于物体颜色的混合,主要应用于染料、颜料、油墨等的加合。

减法混色三原色为品红、黄、青。它们以适当的比例混合可得到黑色,若变化任何一个原色混合比例,则可得到一系列的彩色。减法混色的规律如图2-3所示:

若将混色图中的任意两个原色拼混,可得到一个二次色,如:品红+黄=红,黄+青=绿,青+品红=蓝。

若两种不同的颜色混合后得到黑色,这两种颜色互为余色关系。如:黄+蓝=黑,红+青=黑白光,品红+绿=黑。可见,图2-2中成对角线关系的原色与二次色互为余色关系。

若将两个相邻的减法混色二次色混合可得到其中间的原色,但其亮度降低了,此色称为三次色。如:

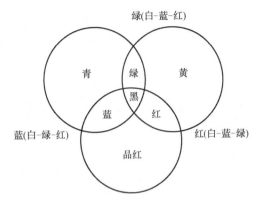

图2-3 减法混色图

红色+蓝色=(品红色+黄色)+(青色+品红色)=品红色+灰 称咖啡色(又称红灰色)

红色+绿色=(黄色+品红色)+(青色+黄色)=黄色+灰 称棕色(又称黄灰色)

蓝色+绿色=(青色+品红色)+(黄色+青色)=青色+灰 橄榄色(又称蓝灰色)

减法混色实为光的削减过程,是有色物体从白光中减去物体本身吸收的部分后的剩余部分(各混合物成分所不吸收的)光线混合的结果。如:

黄+红:白光-蓝光-青光=黄光+红光=橙色光

黄+蓝:白光-蓝光-黄光=白光-蓝光-(红光+绿光)=黑色

由于物体的颜色是呈现其选择吸收光色的补色颜色,因此,减法混色实质上是颜色吸收的叠加,即反射光削减的过程。所以拼混次数越多,拼混量越多,色泽越暗,越接近于黑色。

加法混色与减法混色有着内在的联系,即将加法混色三原色进行加法混色可得到减法混色三原色;将减法混色三原色进行减法混色可得加法混色三原色;加法混色中互为补色关系在减法混色中就是互为余色关系。图2-4为互为余色关系。但加法混色与减法混色又有本质的区别,它们适用范围不同,混合效果截然不同。

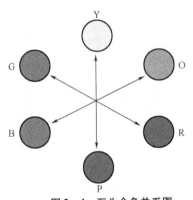

图2-4 互为余色关系图

(二)宝塔图方案的制订

打样人员除了应了解仿色所用染料的色光、力份、递深性等外,还应对拼色染料的拼色范围、鲜艳度等有所掌握,以便较准确地确定染料用量、配比以及色光调整方案等。若将常用染料按一定的浓度进行两拼色或三拼色,或用三原色按规定比例,染制成拼色宝塔图,供打样人员参考,则可以大大提高初学者的仿色效率。

1. 三原色拼色宝塔图结构(图2-5)

图2-5说明:

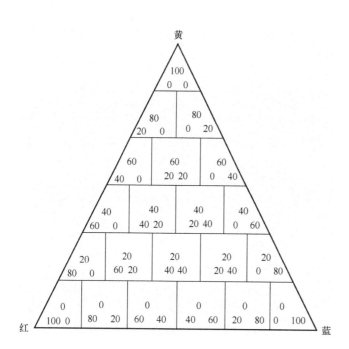

图2-5 三原色拼色宝塔图

（1）宝塔图中数字分别表示黄、红、蓝染料用量百分比（质量与体积比均适用）；

（2）宝塔图"△"形的三个顶点为三原色单色样，即100%黄、100%红、100%蓝；

（3）宝塔图"△"形三条边上的色泽是由两个端点的原色染料以不同比例拼混得到的二拼色；

（4）宝塔图"△"形三条边所包围的中间部分的色泽是由三种原色染料以不同比例拼混而得到的三拼色。

2. 三原色拼色宝塔图染色方案的制订

宝塔图中的染样只数与三原色浓度梯度有关，若浓度梯度定为20%时，宝塔图共有6个阶梯，染样总数为21只；当浓度梯度为10%时，宝塔图共有11个阶梯，染样总数为66只。计算方法如下：

$$宝塔图阶梯数（行）= \frac{100\%}{浓度梯度} + 1$$

$$宝塔图染样总数（只）= \frac{（1 + 宝塔图阶梯数）\times 宝塔图阶梯数}{2}$$

$$相邻染样递减（或递增）染料用量（g 或 mL 或\%）= \frac{每只染样的染料总用量}{宝塔图阶梯数 - 1}$$

当染色浓度确定后，宝塔图中每一只染样的拼色染料用量可表示为：

$$\begin{matrix} & M_y & \\ M_r & & M_b \end{matrix} \quad 或 \quad \begin{matrix} & C_y & \\ C_r & & C_b \end{matrix}$$

其中：M_y，M_r，M_b——分别表示该染样中黄、红、蓝三只染料的用量；

C_y，C_r，C_b——分别表示该染样中黄、红、蓝三只染料的浓度。

每只染样的染料总用量为：$M_总 = M_y + M_r + M_b$。

每只染样的染色总浓度为：$C_总 = C_y + C_r + C_b$。

举例：染制活性染料三原色拼色宝塔图，确定染色浓度为2%（owf），浓度梯度为20%，染料母液浓度为2g/L，1g织物，浴比1:50。则宝塔图方案制订如下。

$$宝塔图阶梯数（行）= \frac{100\%}{浓度梯度} + 1 = \frac{100\%}{20\%} + 1 = 6$$

$$宝塔图染样总数（只）=\frac{(1+宝塔图阶梯数)\times宝塔图阶梯数}{2}=\frac{(1+6)\times6}{2}=21$$

$$染色吸取染料母液总量（mL）=\frac{10\times染色浓度（\%）\times染物质量（g）}{染料母液浓度（g/L）}=\frac{10\times2\times1}{2}=10$$

$$相邻染样递减（或递增）染料用量（mL）=\frac{每只染样的染料总用量}{宝塔图阶梯数-1}=\frac{10}{6-1}=2$$

$$相邻染样递减（或递增）染料用量（\%）=\frac{每只染样的染料总用量}{宝塔图阶梯数-1}=\frac{2}{6-1}=0.4$$

若按吸取染料母液量计，每只染样的染料总用量为 $M_总=M_y+M_r+M_b=10mL$，染色方案如图 2-6 所示。

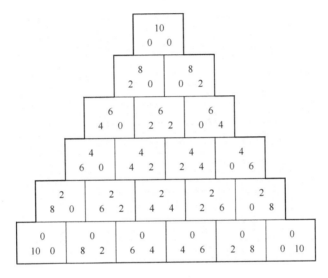

图 2-6 20%浓度梯度的拼色宝塔图染色方案（按吸取母液毫升数计）

若按染料用量（owf）计，每只染样的染色总浓度为 $C_总=C_y+C_r+C_b=2\%$，染色方案如图 2-7 所示。

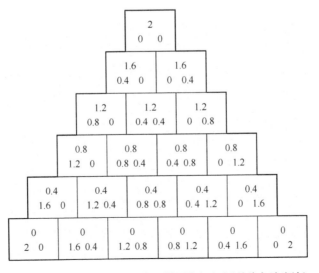

图 2-7 20%浓度梯度的拼色宝塔图染色方案（按染色浓度计）

三、技能训练项目

(一)染制活性染料浸染三原色拼色宝塔图(10%浓度梯度)

1. 任务

染制活性染料浸染三原色拼色宝塔图。可供选择的三原色拼色方案见下表。

表 可供选择的三原色拼色方案

主方案(三拼色)	活性黄 M－3RE	活性红 M－3BE	活性深蓝 M－2GE
次方案1(二拼色)	活性嫩黄 M－7G	活性红 M－3BE	活性翠蓝 KN－G
次方案2(二拼色)	活性黄 M－3RE	活性红 M－3BE	活性艳蓝 KN－R

2. 要求

(1)染料用量2%(owf),浓度梯度10%,染料母液浓度2g/L,织物1g,浴比1:50,采用恒温法染色。

(2)每小组选择一套主方案和次方案染制宝塔图,也可以另选染料组合,但应该考虑染料的配伍性和拼色的效果等,训练成果团队共享。

(3)按一定的顺序逐一打样,每个批次数量不宜过多,染样应做好标记,防止漏染或混淆,同时前后批次应保证染色条件与操作一致。

(4)宝塔图色泽过渡自然,色光、浓度正常,匀染性好,贴样规范、美观。

3. 操作程序

设计宝塔图染色方案→制订染色工艺→计算处方→配制染料母液→配制染液→织物润湿→染色→后处理→烘干→熨平→贴样。

(二)染制活性染料轧染三原色拼色宝塔图(20%浓度梯度)

1. 任务

染制活性染料轧染三原色拼色宝塔图。三原色拼色方案可参照活性染料浸染。

2. 要求

(1)染色浓度10g/L,浓度梯度20%,采用一浴法轧染。

(2)每小组任选一套方案染制宝塔图,训练成果团队共享。

(3)按一定顺序逐一打样,注意做好标记,保证前后批次染色条件与操作的一致性。

(4)宝塔图色泽过渡自然,色光、浓度正常,匀染性好,贴样规范、美观。

3. 操作程序

设计宝塔图染色方案→制订染色工艺→计算处方→(配制染料母液)→配制染液→浸轧→烘干→汽蒸(或焙烘)→后处理→烘干→熨平→贴样。

四、问题与思考

1. 三原色一般应具备什么要求?拼色宝塔图在仿色过程中起什么作用?

2. 请设计一宝塔图染色方案,染料用量为2%(owf),阶梯数为7,织物2g。吸取的染料母液假定为10mL,则染料母液浓度应设计为多少?此方案的染色浓度梯度为多少?

项目三　复样与测色

一、任务书

单元任务	1. 染色重现性试验 2. 色差评定与处方调整计算	参考学时	12～15
学习目标	1. 认识规范操作的重要性和影响染色重现性的主要因素 2. 学会目测色差，掌握方法与技巧 3. 学会用电脑测色仪评定色差、分析试样测试结果 4. 初步学会调整处方 5. 了解色差种类、电脑测色基本原理、常用色差公式、常用测色仪等		
基本要求	1. 每2人一小组，每小组任选2～3只宝塔图中的三原色拼色样，按原工艺、原处方复样，然后分别采用目测和电脑测色仪评定色差 2. 每3～5小组为一团队，组长负责组织讨论、分析重现性影响因素，并推荐一人汇报 3. 色差评定在教师讲授的基础上，每个学生进行体验与实践 4. 在重现性试验(复样)基础上，初步练习调整处方		
方法工具	实践教学：水浴锅、电子天平、烘箱、电脑测配色仪 计算机辅助教学：多媒体教室、测色软件、课件		
参考文献	董振礼. 测色及电子计算机配色[M]. 北京：中国纺织出版社，2008.		
提交成果	1. 原样、复制样、处方调整后的色样 2. 测色报告与结果分析 3. "影响打样重现性因素"分析报告		
主要考核点	1. 重现性试验的操作规范性与影响因素分析的全面性 2. 目测和仪器测定色差方法的正确性 3. 色差评定方法与结果分析的正确性 4. 调整处方计算的正确性		
评价方法	重现性试验：团队交流，老师点评 测色方法：过程评价 处方调整计算：互评，教师抽查		

二、知识要点

(一)染色重现性影响因素

在打样、放样、生产过程中往往会遇到这样的问题，即使按照同样的工艺方法、工艺流程及工艺条件染色，甚至采用同样的仪器设备，都有可能出现染色结果的差异。这种在不同环境下，由不同(或相同)人员操作所得到的结果的一致性称为重现性。这个问题始终困扰着印染企业,所以一般企业化验室打样员打的小样都要经复样员复核,小样处方到现场还要进行大货样放样,然后修正处方。即使这样大生产时还无法达到100%的一次成功率。

重现性分化验室的重现性、现场的重现性、化验室和现场间的重现性三个方面。由于大生产染色处方是以实验室打样配色所得到的试验数据为基础的,并由此来决定现场的染色条件,所以提高实验室的重现性尤其重要。

实际上化验室也是一个小型的生产现场,化验室打样重现性的注意事项应与生产现场基本相同,其主要影响因素如下。

1. 织物的取样与保管

除了应选择与大样生产相同组织规格、同一批次的半制品打小样外,打样用织物应妥善保管好,不能随意放置,注意环境对其影响,避免遇到湿、热、污染物等。也不宜放置时间过长,否则会造成织物白度、含水率、均匀性等下降,从而影响打样的重现性。

2. 染料、助剂的选取与保管

染料、助剂的取样和保存过程要标准化、规范化,如药品存放位置、取样方法、放置时间、更换频率等。合理选择染化料、精确称料与吸液是保证染色重现性的前提,妥善保管、保证质量是关键。所以在打样使用的染料、助剂与现场生产一致的基础上,更应重视在打样过程中长时间保存于实验室的样品是否由于吸湿、污染等原因,造成染料浓度降低或变色。

3. 工艺控制的合理性与稳定性

实验室每一台浸染、烘焙设备都存在着温度控制的稳定性和与实际温度差异性的问题,轧染设备存在着左中右轧液率的均匀性,所以打同一只样,应尽可能在同一台设备上完成,同时还应关注表温与实际温度间的差异,保证有效控温,提高打样重现性。

4. 操作的规范性与一致性

同一打样人员,使用相同的织物,相同的处方,在不同时间段打出的小样,结果会完全不同;不同的打样人员,使用相同的织物,相同的处方,在相同的时间内打出来的样也不同。所以打样人员应强化操作一致和规范性的意识,养成良好的习惯,尽可能减少人为操作误差。

5. 对操作细节的把握

如玻璃棒不能混用、表面皿的合理使用、加料方法与顺序、水洗与皂煮方法等。具体注意事项如下。

(1)染料母液每次使用前必须摇匀,每只染料母液瓶内必须有专用的移液管,最大限度地保证每瓶染料的纯洁性和浓度稳定性。且移取染液之前,移液管内外必须干燥清洁,因残留在移液管上的染料和水滴会影响计量准确性。即使如此,为了保证颜色的准确性,在每瓶染料母液使用了2/3以后最好重新化料。

(2)对染色温度较高的浸染小样,应使用表面皿,且凹面朝下,每次加料或搅拌打开时,应侧斜表面皿,让水滴回流至染浴,以免染色时间长,导致浴比不准确。

(3)活性染料蒸汽发色后,皂洗前一定要先冷水洗,使布面 pH 值降到 8 以下,才可以热水洗,否则造成染料碱性水解,尤其是敏感色影响更大。

（4）活性翠蓝色，因分子结构大，反应速率慢，固着率低，未固着的活性染料水解后不易去除。而每个染料水解后对纤维的亲和力是不同的，若拼色时，因其他染料的亲和力相对较小，皂洗温度及时间控制严格的话，打样重现性就很差。

（5）还原染料在汽蒸后完成还原溶解、上染，同时发色，但此时染料还是属于可溶性的，如果立即用水冲洗（尤其是热水）会导致染料溶落而色浅，所以水洗时间、温度等条件应控制前后一致，避免每一次打出的颜色都不相同。

（6）皂洗后烘干方法不同，如热风烘干、熨干、晾干等，色光都会有差异。

（二）色差的种类及产生原因

色差是指两个颜色给人的色觉的差异。衡量两色之间的色差，必须以同一色作为基准（称标样），标样可以是实物布样、纸样或国际标准色卡（如 PANTONE 色卡）等。

1. 原样色差

指染色织物与合约来样或标准色卡样之间的色泽差异。原样色差产生的主要原因是小样或大样染色处方不准确，工艺制订及控制不到位。

2. 前后色差

指先后染出的同一色号织物之间的颜色差异。它包括缸差、批差、头尾差等。前后色差产生的主要原因有称料的不准确、工艺条件控制的一致性差、操作欠规范、加工批量不一致、染料的亲和力不匹配、浸轧次数与浸渍时间掌控不一致等。

3. 左中右色差

指织物左中右各部位的颜色差异。左中右色差产生的主要原因是轧车压力不均匀、烘干或固色时受热不均匀等。

4. 正反面色差

指织物正面与反面的色泽差异。正反面色差产生的主要原因是织物烘干方式不妥或温度过高、焙烘前织物未烘干等，导致染料泳移所致。

5. 匀染度色差

指混纺或交织物中，不同纤维相所染得的色泽差异。匀染度色差产生的主要原因是不同纤维混配不均匀、批次不同、同一染料对不同纤维相的亲和力不同、工艺条件的依存性不同等，导致上染速率不一致所致。

（三）计算机测色基本原理

1. 表色方法

颜色最常用的是采用自然界物体的颜色来描述，如橘黄、杏黄、玫红、桃红、湖蓝、天蓝、果绿、橄榄绿等。这种方法虽然简单、直观，但只是一种定性的表示方法，比较粗略而概化。从颜色测量角度而言，希望能找到一种定量而精确的表示方法。目前用于量化颜色的表示方法主要有三种，即分光光度表色法、三刺激值表色法、孟塞尔色立体表色法。

（1）分光光度表色法。

①分光吸收光谱曲线（$\lambda-\varepsilon$）：它以吸收波长 λ 为横坐标，摩尔消光系数 ε（或消光度 D、吸光度 A）为纵坐标，常用于测定有色（稀）溶液的颜色。其中色调用 λ_{max} 表示，λ_{max} 值越大，表示颜

色越深;纯度以吸收光谱曲线的形状表示,越窄越高,颜色越纯;亮度用吸收曲线的积分面积表示,面积越大,颜色越暗。详见图3-1。

②分光反射率光谱曲线(λ-R):它以反射波长λ为横坐标,反射率R为纵坐标,常用于测定固体物质的颜色,如染色织物等。其中色调用λ_R表示;纯度用反射曲线的形状表示;亮度用反射曲线的积分面积表示,面积越大,表示颜色越亮。详见图3-2。

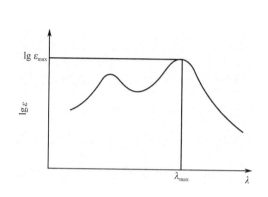

图3-1 分光吸收光谱曲线

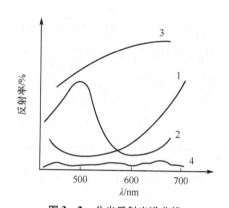

图3-2 分光反射光谱曲线

1—红色 2—绿色 3—白色 4—黑色

③分光透过率光谱曲线(λ-T):它以透射波长λ为横坐标,透射率T为纵坐标,常用于测定透明物体的颜色。详见图3-3。

光谱曲线图虽能直观地解析出物体在各个波段的颜色变化,对于确认色样、检查颜色、分析染料的特性等有重要的意义。但此表色法仍然比较粗略,尤其是对相近色,其色调、纯度和亮度到底有多少差异,无法严格区别比较。

(2)三刺激值表色法。

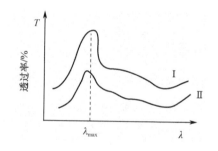

图3-3 分光透射光谱曲线

①CIE1931-RGB表色法。按此表色法,国际照明协会选定的三原色光为:

红(R):λ=700.0 nm,光通量F_R(流明)

绿(G):λ=546.1 nm,光通量F_G(流明)

蓝(B):λ=435.8 nm,光通量F_B(流明)

当$F_R:F_G:F_B = 1:4.5907:0.0601$时,为标准白光。任意一只颜色都可以表达为:

$$F = R(R) + G(G) + B(B)$$

式中:R,G,B——分别表示三原色的混合比例,也称为三刺激值或三色系数;

(R),(G),(B)——分别表示三原色的基色量。

设:$r = R/(R+G+B)$、$g = G/(R+G+B)$、$b = B/(R+G+B)$,r、g、b称为三色系数相对值,也称为色品坐标。由于$r+g+b=1$,所以可将XYZ三维立体空间的问题转化为二维平面结构r-g色度图,详见图3-4。

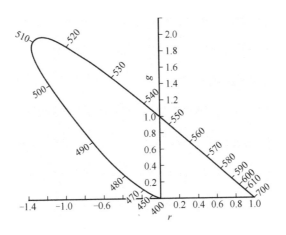

图 3 - 4 *r - g* 色度图

图中弧形曲线是光谱轨迹,直线(虚线)是纯紫轨迹,一切实色均包含在光谱轨迹和纯紫轨迹所包围的马蹄形曲线内。

②XYZ 表色法。CIE1931 - RGB 表色系统的 r、g、b 是从实验得出的,可以用于色度值的计算,但计算中出现负值,使用起来不方便,又不易理解。所以 1931 年 CIE 推荐了一个新的国际通用的色度系统,即 CIE1931 - XYZ 表色系统。详见图 3 - 5。

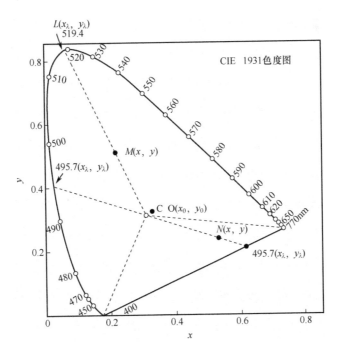

图 3 - 5 *x - y* 色度图

一切实色均包含在 $x - y$ 色度图中。在此表色系统中,某颜色可表示为:

$$F = X(X) + Y(Y) + Z(Z)$$

式中:X,Y,Z——分别表示假定三原色的混合比例,即三刺激值或三色系数;

(X),(Y),(Z)——分别表示假定三原色的基色量;

x,y,z——分别表示三刺激值相对系数。

由 RGB 表色系统可推导出三个假定原色,它们的基色量(即 $r - g$ 色品坐标)如下。

红(X):$r = 1.2750$	$g = -0.2778$	$b = 0.0028$
绿(Y):$r = -1.7394$	$g = 2.7671$	$b = -0.0279$
蓝(Z):$r = -0.7431$	$g = 0.1409$	$b = 1.6022$

同时可以找到 RGB 与 XYZ 两种表色系统相互间的三刺激值转换关系:

$X = 2.7689R + 1.7517G + 1.1302B$

$Y = 1.0000R + 4.5907G + 0.0001B$

$Z = 0R + 0.0565G + 5.5943B$

图 3 - 5 中弧形曲线是光谱轨迹,直线(虚线)是纯紫轨迹,马蹄形弧形曲线内包括一切实色,曲线外的颜色为虚色。C 点为 CIE 标准光源,相当于日光的颜色,均可称为白点。$y = 0$ 的直线与亮度无关,即为无亮度线。光谱轨迹的短波端紧靠着这条线,意味着这些光波只有很低的亮度。任何一个颜色在色品图中都占有一确定的位置,并可用色度坐标(x,y)表示。

a. 色的三要素表示方法。XYZ 表色系统以下列方式表示色的三要求(以 M 点、N 点为例)。

色调:连接色度点和白点,并延长相交与光谱轨迹,用交点所对应的波长表示。如 M 点色调为 $\lambda_d = 519.4$nm,称为主波长。N 点色调为 $\lambda_d = -495.7$nm 或 $\lambda_{-d} = 495.7$nm,称辅色主波长。

纯度:指样品的颜色接近同一主波长光谱色的程度,用 p 表示。常用白点(x_0,y_0)至色度点(x,y)线段长与白点(x_0,y_0)至光谱轨迹交点(x_λ,y_λ)线段长之比表示。

$$P = OM/OL = (x - x_0)/(x_\lambda - x_0)$$

或

$$P = OM/OL = (y - y_0)/(y_\lambda - y_0)$$

式中:P——纯度;

x,y——样品的色度坐标;

x_0,y_0——标准光源的色度坐标;

x_λ,y_λ——光谱轨迹上或纯紫轨迹上色度点的坐标。

亮度:用 Y 值表示。即亮度与三刺激值中的 Y 值呈正比关系。

b. CIE 色度计算方法。任一实色可表示为 $F = X(X) + Y(Y) + Z(Z)$,所以只要得知颜色的三刺激值 X、Y、Z,就可计算出三刺激值相对系数 x、y、z,也即确定了色度点坐标。

例如,有两个样品 A 与 B,分别测得的三刺激值见表 3 - 1,通过简单的计算,可以比较 A 与 B 的颜色。

表 3 – 1 CIE 色度计算案例

三刺激值 \ 样品	A	B
X	15.50	25.26
Y	24.19	39.42
Z	22.64	36.89
经计算后得到:		
x	0.249	0.249
y	0.388	0.388

结论:A、B 两样品的色调__相同__,纯度__相同__,亮度__不同__

对于发光体而言,是通过测定其放出光的 λ 和 E,计算得到三刺激值 X、Y、Z;对于非发光体而言,一般通过测定其反射光的 λ 和 E,从而计算出三刺激值 X、Y、Z。

等间隔波长法是近代测色仪器的计算基础,它是将 λ 以大小相等的 $\Delta\lambda$ 进行分割,然后代入下列公式中,计算 XYZ 值的方法。按照 CIE 规定,分割间隔最大不超过 20nm。

$$X = k\int_{380}^{780}S(\lambda)\bar{x}(\lambda)\rho(\lambda)\mathrm{d}(\lambda) \text{ 或 } X_{10} = k_{10}\int_{380}^{780}S(\lambda)\bar{x}_{10}(\lambda)\rho(\lambda)\mathrm{d}(\lambda)$$

$$Y = k\int_{380}^{780}S(\lambda)\bar{y}(\lambda)\rho(\lambda)\mathrm{d}(\lambda) \text{ 或 } Y_{10} = k_{10}\int_{380}^{780}S(\lambda)\bar{y}_{10}(\lambda)\rho(\lambda)\mathrm{d}(\lambda)$$

$$Z = k\int_{380}^{780}S(\lambda)\bar{z}(\lambda)\rho(\lambda)\mathrm{d}(\lambda) \text{ 或 } Z_{10} = k_{10}\int_{380}^{780}S(\lambda)\bar{z}_{10}(\lambda)p(\lambda)\mathrm{d}(\lambda)$$

式中:$\bar{x}(\lambda)$,$\bar{y}(\lambda)$,$\bar{z}(\lambda)$——2°视角标准色度观察者光谱三刺激值;

$\bar{x}_{10}(\lambda)$,$\bar{y}_{10}(\lambda)$,$\bar{z}_{10}(\lambda)$——10°大视场的标准色度观察者光谱三刺激值;

$S(\lambda)$——标准照明体的相对光谱功率分布;

$\rho(\lambda)$——物体的分光反射率;

k——常数,常称作调整系数。

$$k = 100/\int_{380}^{780}S(\lambda)y(\lambda)\mathrm{d}(\lambda)$$

$$k_{10} = 100/\int_{380}^{780}S(\lambda)\bar{y}_{10}(\lambda)\mathrm{d}(\lambda)$$

$$X = k\sum_{i=1}^{n}S(\lambda)\bar{x}(\lambda)\rho(\lambda)\Delta\lambda$$

$$X_{10} = k_{10}\sum_{i=1}^{n}S(\lambda)\bar{x}_{10}(\lambda)\rho(\lambda)\Delta\lambda$$

$$Y = k\sum_{i=1}^{n}S(\lambda)\bar{y}(\lambda)\rho(\lambda)\Delta\lambda$$

$$Y_{10} = k_{10}\sum_{i=1}^{n}S(\lambda)\bar{y}_{10}(\lambda)\rho(\lambda)\Delta\lambda$$

$$Z = k \sum_{i=1}^{n} S(\lambda) \bar{z}(\lambda) \rho(\lambda) \Delta\lambda$$

$$Z_{10} = k_{10} \sum_{i=1}^{n} S(\lambda) \bar{z}_{10}(\lambda) \rho(\lambda) \Delta\lambda$$

c.视场与视角。视场是指光照范围的大小。也称为视野,常用视角来表示。如 D65/10°、C/2°等。视角是对象的大小对眼睛形成的张角。详见图 3 - 6。

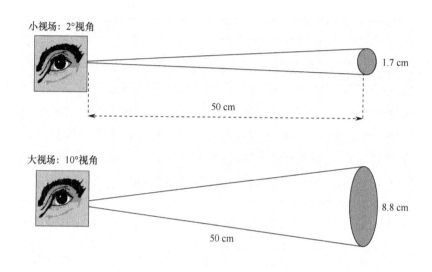

小视场:2°视角

1.7 cm

50 cm

大视场:10°视角

8.8 cm

50 cm

图 3 - 6 不同视角观察样品示意

采用不同的视场测量物体时会产生差异。国际照明协会推荐的 CIE1931 系统是以 2°视角的加法混色实验为基础的,因此,仅适用于 1°~4°视角的小视野观察,这种光谱三刺激值又称 2°视野标准观察者配色函数。但实际观察时,视角小于 4°的情况较少,为了适合大视场测色,国际照明协会在 1964 年又补充了一组光谱三刺激值,并称为 10°视野标准观察者配色函数。这两条刺激值曲线以及色度坐标是不完全一致的。

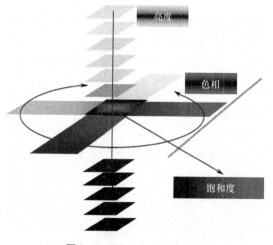

亮度

色相

饱和度

图 3 - 7 CIE $L^* a^* b^*$ 色彩空间

d.非均匀颜色空间。颜色空间简称色空间,它是指用来表示颜色三属性的空间坐标。

$x - y$ 色品图上各种颜色的分辨率不一样,蓝区最小,绿区最大,这种分辨率的不均匀性,按最大和最小相比竟达 20∶1。可见,在 XYZ 色空间中的线段长度与人眼所感觉到的色差大小并不呈简单的比例关系。这种色空间称为非均匀颜色空间。

(3)孟塞尔色立体表色法。CIE $L^* a^* b^*$ 色彩空间(见图 3 -7)主要由亮度轴和色相环(图 3 -8)组成,该色彩空间是一个均匀颜色空间。

常用纵轴(称消色轴)表示亮度,色相环角度表示色相,半径表示饱和度(或彩度)。

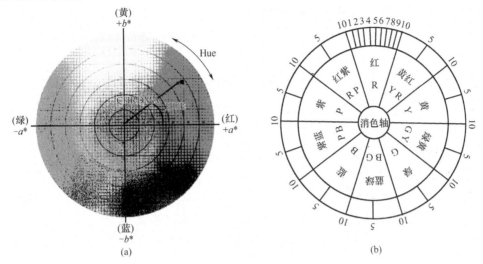

图3-8 CIE $L^*a^*b^*$ 均匀颜色空间平面示意(色相环)

在色空间的各坐标方向,等间隔划分所形成的色卡而构筑成的立体图形称为色立体。孟塞尔色立体如图3-9所示。

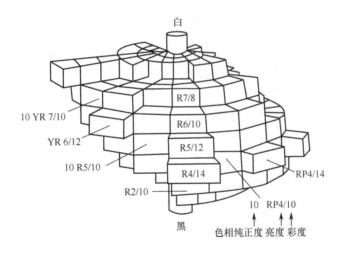

图3-9 孟塞尔色立体结构

在孟塞尔色立体中常以"色相纯正度 + 色相 + 亮度 + 彩度"的顺序表示一个颜色。如10RP4/10则表示为亮度中等、彩度较高、色光偏红的红紫色。

2. 常用色差公式

两个颜色彼此间的差异实质上就是它们在色彩空间内彼此间的空间距离。它包括色相差、饱和度差和亮度差。常用 ΔE 或 DE 表示。

在 CIE $L^*a^*b^*$ 色彩空间中,颜色的表征值及其含义如下:

L^*——亮度(也称明度),L^* 值越大,颜色越淡;

a^*——红 - 绿轴,$+a^*$ 为红,$-a^*$ 为绿;

b^* —— 黄 – 蓝轴, $+b^*$ 为黄, $-b^*$ 为蓝;

C^* —— 彩度,指颜色鲜艳度的属性,也称饱和度、纯正度、丰满度。计算公式为 $C^* = (a^{*2} + b^{*2})^{1/2}$,指色样在 a^*b^* 色空间的位置与中心点的距离。中性色的饱和度最低,光谱色的饱和度最高。高彩度的颜色 C^* 在 70 ~ 90;

H^* ——色相,指颜色的属性。计算公式为 $h = \tan^{-1}(b^*/a^*) = \arctan(b^*/a^*)$,所有颜色都可以用 0 ~ 360° 的角度来表示。

不同的色空间,色差公式不同。不同的色差公式,色差计算值不同。目前常用的色差公式有 CIE $L^*a^*b^*$、JPC79、CMC(I: C)等。

(1)CIE $L^*a^*b^*$ 色差公式。CIE $L^*a^*b^*$ 色差公式是 1976 年国际照明协会(CIE)公布并推荐使用的,它被广泛用于物体色(surface color)工业上,也是目前国内使用频率最高的公式之一。但此色差公式是完全建立在均匀颜色空间基础上的,而色相差、饱和度差和亮度差对总色差的贡献并不相同,从而影响了其色差公式与视觉之间的相关性。经色彩物理学家研究发现,高彩度测试值与目视差异较大。

CIE $L^*a^*b^*$ 色差公式为:

$$\Delta E = (\Delta L^{*2} + \Delta a^{*2} + \Delta b^{*2})^{1/2}$$

式中: L^* —— $L^* = 116(Y/Y_0)^{1/3} - 16$;

a^* —— $a^* = 500[(X/X_0)^{1/3} - (Y/Y_0)^{1/3}]$;

b^* —— $b^* = 200[(Y/Y_0)^{1/3} - (Z/Z_0)^{1/3}]$。

X_0、Y_0、Z_0 为理想白色物体的三刺激值,其中 X/X_0、Y/Y_0、Z/Z_0 中任一个都应 ≥0.008856。

(2)JPC79 色差公式。JPC79 色差公式是染色者及色彩师学会(Socity of Dyers and Colourists,简称 SDC)在 1980 年推荐的,它仍建立在 CIE $L^*a^*b^*$ 色空间上,但 R. Mc Donald 以使用 55 种颜色的 640 对染色样品进行的色差宽容度试验结果为基础,对 CIE$L^*a^*b^*$ 色差公式进行了修正,其特点是根据亮度、饱和度、色相分别对纺织品色差贡献的大小而赋予不同的修正系数,使其与人的视觉之间具有更好的相关性。

JPC79 色差公式为:

$$\Delta E = [(\Delta L/\Delta L_t)^2 + (\Delta C/\Delta C_t)^2 (\Delta H/\Delta H_t)^2]^{1/2}$$

式中: ΔL ——由 CIE $L^*a^*b^*$ 色差公式计算所得到的标样与样品间的亮度差;

ΔC ——由 CIE $L^*a^*b^*$ 色差公式计算所得到的标样与样品间的饱和度差;

ΔH ——由 CIE $L^*a^*b^*$ 色差公式计算所得到的标样与样品间的色相差;

L_t —— $L_t = 0.08195 L_{std}/(1 + 0.1765 L_{std})$;

C_t —— $C_t = 0.06380 C_{std}/(1 + 0.1310 C_{std}) + 0.638$;

H_t —— $H_t = T \times C_t$。

如果 $C < 0.638$,则 $T = 1$;如果 $C >= 0.638$,则 $T = 0.36 + |0.4\cos(h + 35)|$;当 $164° < h < 345°$ 时, $T = 0.56 + |0.2\cos(h + 168)|$ (h 表示标准样的色相角值)。

(3)CMC$_{(I、C)}$ 色差公式。CMC$_{(I、C)}$ 色差公式是 1984 年英国染色家协会(SDC, the Society of

Dyers and Colourist)的颜色测量委员会(CMC,the Society's Color Measurement Committee)推荐的,是由 F. J. J. Clarke、R. Mc Donald 和 B. Rigg 在对 JPC79 公式进行修改的基础上提出的,它克服了 JPC79 色差公式在深色及中性色区域的计算值与目测评价结果偏差较大的缺陷,并引入了明度权重因子 I 和彩度权重因子 C,以适应不同应用的需求。它具有更好的视觉一致性,在欧洲已普遍使用,许多国家和组织纷纷采用该公式来替代 CIE L*a*b* 公式。在我国,国际标准 GB/T 8424.3—2001(纺织品色牢度试验色差计算)中也采纳了 CMC 色差公式。

$\text{CMC}_{(I:C)}$ 色差公式为:

$$\Delta E = \left\{ \left[\Delta L^* / (I \cdot S_\mathrm{L}) \right]^2 + \left[\Delta C^* / (C \cdot S_\mathrm{C}) \right]^2 + \left(\Delta H^* / S_\mathrm{H} \right)^2 \right\}^{1/2}$$

式中:I,C——分别为调节明度和饱和度相对容量的两个系数;

$S_\mathrm{L},S_\mathrm{C},S_\mathrm{H}$——为校正系数。

对于色差可观察性样品取 $I = C = 1$,公式表示 CMC(1:1),对于色差可接受性样品取 $I = 2$,$C = 1$ 公式表示 CMC(2:1)。

注:色差可观察性样品指大色差场合,色差可接受性样品是指色差较小时。

不同色差公式的色差值与变色牢度级别之间的关系见表 3 − 2。

表 3 − 2 不同色差公式的色差值与变色牢度级别之间的关系

ΔE 牢度级别	中国现行标准	JPC79	CMC(1:1)	CIEL*a*b*
1	≤11.6	>11.83	>11.85	13.6 ±1
1 ~ 2	8.20 ~ 11.59	8.37 ~ 11.82	8.41 ~ 11.85	9.6 ±0.7
2	5.80 ~ 8.19	5.92 ~ 8.36	5.96 ~ 8.40	6.8 ±0.6
2 ~ 3	4.10 ~ 5.79	4.90 ~ 5.91	4.21 ~ 5.95	4.8 ±0.5
3	2.95 ~ 4.09	3.01 ~ 4.89	3.06 ~ 4.20	3.4 ±0.4
3 ~ 4	2.10 ~ 2.94	2.14 ~ 3.00	2.16 ~ 3.05	2.5 ±0.35
4	1.25 ~ 2.09	1.27 ~ 2.13	1.27 ~ 2.15	1.7 ±0.3
4 ~ 5	0.40 ~ 1.24	0.20 ~ 1.2	0.20 ~ 1.26	0.8 ±0.2
5	<0.40	<0.20	< 0.20	0 +0.2

色差的单位用"NBS"表示,当 $\Delta E = 1$ 时称为 1 个 NBS 色差单位,一个 NBS 单位相当于 $(0.0015 \sim 0.008)x$ 或 $(0.015 \sim 0.008)y$ 的色品坐标变化,它与视觉之间的关系见表 3 −3。

表 3 − 3 色差与视觉之间的关系

NBS 单位	色差感觉值
0 ~ 0.5	几乎没有感觉
0.5 ~ 1.5	稍有感觉
1.5 ~ 3.0	明显感觉
3.0 ~ 6.0	显著感觉
6.0 ~ 12.0	非常显著感觉

3. 白度测量

白度是指物体表面接近理想白的程度。光谱反射比为100%的理想表面的白度为100,光谱反射比为零的绝对黑表面的白度为零。当物体表面对可见光谱内所有波长的反射比都在80%以上时,可认为该物体表面为白色。常以高纯度硫酸钡作为参比标准(称理想白色),其白度值定为100。

不同的仪器、不同的测定条件,所测得的白度值完全不同(表3-4)。

表3-4　某漂白织物在不同测试条件下的白度值

测试条件　　型号	MS-350 （美国）	ND101-DP （日本）	ZDB-1 （温州）	WSB-2 （温州）
D65/10°	97.46	96.14	74.00	79.75
D65/2°	97.55	94.53	74.78	80.39
C/2°	97.59	94.62	74.61	80.34

同一台仪器用不同的色差公差,测得的白度值也不同(表3-5)。常用的白度公式有CIE白度、盖茨(Ganz-Griesser)白度等。CIE白度和Ganz白度适用范围不同,如CIE通常用来表示半制品白度,有荧光的白度常用Ganz白度来表示。

表3-5　某漂白织物用 Datacolor SF-600 PLUS 电脑测色仪所测白度值

测试条件　　白度值	CIE 白度值	Ganz 白度值	TAUBE 白度值
D65/10°	86.51	88.23	54.17

CIE1983 白度公式为:

$$W = Y + 800(x_n - x) + 1700(y_n - y)$$
$$W_{10} = Y + 800(x_{n.10} - x_{10}) + 1700(y_{n.10} - y_{10})$$

式中:x_n,y_n——为完全漫反射体的色品坐标,采用CIE1973标准色度观察者;

$x_{n.10}$,$y_{n.10}$——对10°视场的标准观察者,试样在D65光源下的色品坐标;

W_{10}——试样白度值,完全漫反射体白度为100。

在采用添加着色剂时:

$$T_W = 1000(x_n - x) + 650(y_n - y)$$
$$T_{W.10} = 1000(x_{n.10} - x_{10}) + 650(y_{n.10} - y_{10})$$

式中:$T_{W.10}$——试样的白色泽,也叫色调系数。

色调系数表示各种色光的白色距离中性白度色光主波长(466nm)程度的量值。其值为正值时表示偏绿;其值为负值时表示偏红。对于完全漫反射体,其值为0。

我国采用CIE白度公式:

$$W_{10} = Y_{10} + 800(0.3138 - x_{10}) + 1700(0.3310 - y_{10})$$
$$T_{W.10} = 900(0.3138 - x_{10}) + 650(0.3310 - y_{10})$$

对于带明显颜色的试样,使用白度公式评价白度毫无意义,所以 CIE 规定试样的白度值和色调系数应在下列范围内:$40 < W_{10} < 5Y_{10} - 280$;$-3 < T_{W.10} < +3$。

使用 CIE1983 白度公式还受到一定的限制,即公式的应用仅限于相似样品的比较;测试必须用同一台仪器,且应一块接一块连续进行。

(四)色差评定的方法

1. 人工对色

将需要进行颜色比对的物品置于标准光源箱内的底板中央,用人眼目测评估颜色的偏差。人工对色时应注意如下事项。

(1)保持客户来样的完好,不沾污、少见光、免洗涤、免熨烫。

(2)使用灯箱时,尽量避免外界光线直射被测物,灯箱内不宜放置杂物,保证灯箱内壁板清洁、干燥、不受到损伤。

(3)将待测样品置于对色灯箱的中央对称位置,人眼或光线与被测物品之间呈 45°最佳观测角度。

(4)对色时必须确认配色样品与标准样品的纹路方向是否一致,否则可能会造成色浓度与色光的误判。

(5)配色样品与标准样品的温度必须一致,如果色样经烘干工艺,则需冷却到与标准样品同一温度时才能对色。

(6)人工对色连续时间不宜过长,否则影响配色人员对颜色的判断。因为当人眼凝视一物体达 20s 以上时,在该物体移开后人眼会看到该物体残留的影像。

(7)灯箱灯管使用超过 2000h 或一年后要及时更换,避免灯管老化而影响对色效果。

2. 仪器测色

视觉与感觉有时不一定可靠,使用电脑测色仪进行颜色管理更具有科学性。

(1)常用仪器。目前使用最广泛的是 Datacolor SF - 600 PLUS 型、Gretag Macbeth Color - Eye 7000A 电脑测色配色仪。电脑测色配色仪的基本组成如下。

①测色:分光光度计、光电式测色计等。

②数据处理器:测色配色软件。

③数据输入装置:键盘、扫描仪。

④数据输出装置:显示屏、打印机、绘图仪等。

分光光度仪与测色软件是仪器的核心部分,如图 3 - 10 所示。分光光度仪主要由光源、单色仪(器)、积分球、光电检测器、数据处理装置等组成。分光光度仪有单光束仪器、双光束仪器之分,它是仪器品质、精度、档次之分水岭。

①光源:分为高压脉冲氙灯、卤钨灯,前者是借电流通过氙气的办法产生强辐射,其光谱在 250~700nm 波长范围内,色温约为 6500K;后者以碘钨灯常用,即将碘封入石英质的钨丝灯泡后制成。其色温约为 3000K,其能量的主要部分是在红外区域发射的。

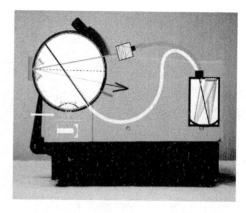

图 3 – 10　Datacolor 600 型电脑测配色仪分光光度仪结构示意

②单色器：主要部件是色散元件，有棱镜或光栅。也有把棱镜和光栅串接起来进行两次色散的。光栅单色器的特点是色散几乎不随波长发生变化，可用于远紫外和远红外区域。所以现代的测色分光光度计中大都使用光栅做色散元件。如图 3 – 11 所示。

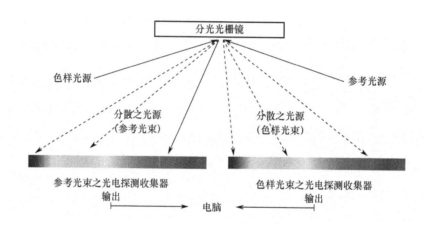

图 3 – 11　光栅单色器的工作原理示意

③积分球：积分球是内壁用硫酸钡等材料刷白的空心金属球体，如图 3 – 12 所示。一般直径在 60 ~ 200mm。球壁上开有测样孔等若干开口，开口的面积不超过球内壁反射面积的 10% 。

④检测器：分光测色仪检测光谱通量的元件主要有光电倍增管和光敏二极管两类，作用是把光能转变成电能后检出。

（2）操作程序与要求。

①仪器调设：预热仪器，根据客户要求选择光源与色差公式，适时校正、匹配仪器，如光源、孔径等。一般采用大孔径测色可减少测试误差。

②试样选择：要具有代表性，且色泽均匀，布面平整，大小符合叠层要求，并经自然回潮。尤其要关注试样的正反面、纹路、平整度等。

③测试方法：多点旋转测试取平均值，测色点越多，结果误差越小（表 3 – 6）。注意纹路明显或有方向性的织物，放置位置与旋转角度应一致；绒面（毛）织物不宜揉压，应将绒毛刷顺后

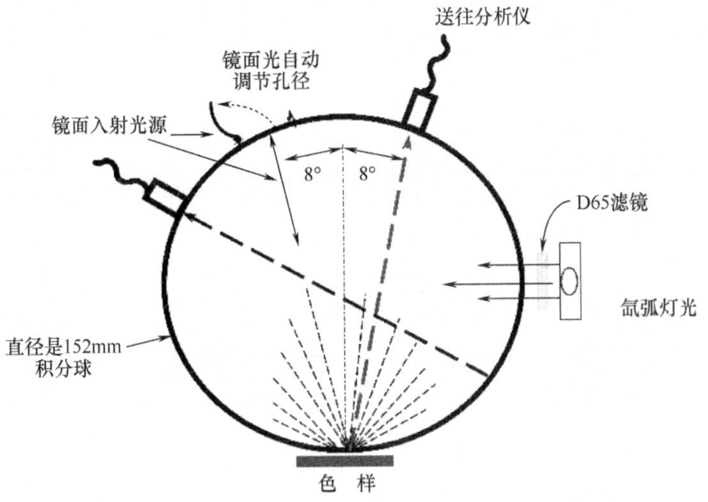

图 3-12 积分球工作示意

再测试;绞纱最好绕在硬纸卡上,水平与垂直方向多次测试。

④特殊要求:了解客户对测试环境的要求,如英国玛莎百货的环境要求是将被测样品放置在(20±2)℃,相对湿度65%,D65光源下0.5h后,取出5min内测试完毕。

表 3-6 不同测色次数对不同颜色测试结果的影响

颜色类别		测2点的误差	测4点的误差
Cherry Red	桃红	0.31	0.03
Red	红	0.42	0.04
Light Green	艳绿	0.37	0.01
Jade	翠绿	0.38	0.01
Medium Blue	蓝	0.36	0.05
Navy	藏青	0.44	0.01
Maroon	紫酱	0.81	0.02
Light Violet	艳紫	0.18	0.02
Medium Grey	中灰	0.24	0.03
Medium Grey	黑	0.16	0.01

(3)电脑测色与人工对色产生差异的原因。电脑测色具有效率高、精确、客观等特点,能够排除人工对色的误差,但有时电脑测色与人工对色结果存在一定的差异,主要原因有:

①电脑测色仪本身的精度与稳定性;

②色差公式的不完善性(大多为经验公式);

③测量孔径、测量次数选择不当;

④色样的代表性与操作的规范性;

⑤操作者本身的色觉误差;

⑥标样与批次样基材不同等。

对于拼色染样及某些特殊颜色更易造成对色结果的差异,所以了解影响色差评定的因素,掌握规范的评定方法,是保证色差评定结果客观、准确的基本条件。

(五)影响色差评定的主要因素

仪器测色在染整行业已逐步被推广应用,但目前实际生产中各道工序产品质量的检验还只是依靠目测。目测色差是属于人们的一种心理感觉,它受主观和客观因素的影响很大,如观察者的色觉、照明条件、背景、被测样品的光泽、大小、形状、质感等。因此需要在检测人员的颜色感觉和颜色评价的条件等方面确定一些规范,以统一评定标准,增强评定结果的客观性和可靠性。

1. 鉴别人的色觉

不同的人对不同的波长感受不同,有的人偏向短波,有些人则偏向长波。不同年龄的人因视网膜的黄变会产生视觉差异。所以从事色差测量的人员必须具有正常的色感觉,并且对颜色要敏感。

检验观察者的视觉是否正常,常用的设备或仪器有:彩色隐字网点图(可以筛去色盲者)、异常检验镜、方斯沃恩 – 孟塞尔的 100 色相试验法、颜色检验尺等。

2. 照明光源

在不同的光源条件下,色差的目测效果完全不同。常见的标准光源见表 3 – 7。

表 3 – 7　常见标准光源的特点及其应用

光　源	特　　点	色温(K)	应　　用	光谱能量分布
A	相当于 100W 白炽钨丝灯,略带橙色光	2856	美国家庭及橱窗照明光源,还常用于检验光源色变现象	连续光谱
B	相当于正午日光	4874	现已淘汰	
C	相当于阴天日光,不含 UV	6774		
D65	相当于平均日光,含 UV	6500	国际标准人工日光,最常用	连续光谱
D75	代表北照光	7500		
E	理想等能白光		实际上不存在	
CWF	冷白荧光灯	4200	美国主要办公室照明光源	不连续光谱
TL84	高效能日光灯	4100	欧洲主要办公、零售用照明光源	不连续光谱
U30	暖白光	3000	美国办公、橱窗用照明光源	不连续光谱
UV	紫外线灯光		用于检验荧光或增白产品	

目测色差时,最好在标准光源箱中进行,并要求试样面受到的照度在 500lx 以上。目前常

用的标准光源有 D 65、D 75 等,若没有标准光源条件,至少也应在上午 10 点钟至下午 3 点钟之间的北照光下进行。

3. 织物表面结构

试样与标样的材料质地差异越大,目测色差越困难。如织物纹路、表面光泽、透明度等都会影响织物对光的反射规律,从而影响色彩效果。一般缎纹、斜纹织物的光泽比平纹好,视觉效果偏浅艳些;长丝织物比短纤织物表面光泽好,也相对偏浅艳些;薄织物比厚织物易透光,所以也可能导致色彩效果的差异。

4. 观察几何条件

样品接受光和人眼观察的几何条件用 x/y 表示。具体含义如下:

x/y——代表观察者目光与试样面法线间的夹角;其中 x 代表照明入射光与试样面法线间的夹角;

d——表示漫射的复色光。

常用的观测几何条件有四种,即 45/0、0/45、d/0、d/45。前三种与仪器测色的条件相同,第四种是目测鉴定所特有的。详见图 3 – 13。

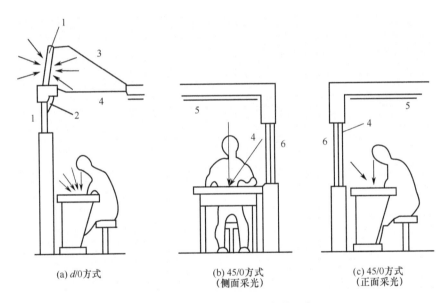

(a) d/0方式   (b) 45/0方式(侧面采光)   (c) 45/0方式(正面采光)

图 3 – 13 常见的观察几何条件示意

1—磨砂玻璃窗,2—灰布,3—屋脊,4—白窗帘,5—灰布或里布,6—窗

5. 背景

对色背景的色泽与亮度对目测色差有一定的影响。所以应避免背景与试样形成强烈的对比,一般以中等明度($Y = 20\%$ 左右)的中性灰色为宜。

在标准光源箱中目测色差时,由于照度很高,常与四周环境照度有明显不同,且光谱组成上又有差异,因此,鉴定人员在评定色差之前,应使自己的眼睛有一个适应的阶段。

6. 试样大小与比较方法

试样与标样大小要相仿,面积不宜过小,一般 4cm×4cm 为宜。若试样与标样大小悬殊时,面积大的试样,明度和纯度都会有偏高的感觉,面积小的试样颜色感觉会偏深些。

试样与标样应左右并列,尽量靠近,间距最好<0.1mm,并且应左右交替位置反复观察。试样与观察者眼睛之间的距离可掌握在30cm左右。

7. 评定参比标准及测色条件

用评定变色用灰色样卡评级,此法采用的是五级九档制,一级最差,五级最好。也可以采用电脑测色仪评级。但应注意操作规范,如测色次数、测色环境等。详见表3-8、表3-9。

表3-8　不同测色孔径、不同测色次数对测试结果的影响

织物组织结构 \ 测色条件	MAV-20mm		SAV-9mm	
	4次	2次	4次	2次
斜纹织物、府绸	0.03	0.10	0.05	0.11
缎纹织物	0.07	0.09	0.11	0.20
泡泡纱	0.09	0.13	0.07	0.18
拉(起)绒织物	0.04	0.07	0.14	0.23
灯芯绒	0.13	0.64	0.55	—
针织物	0.12	0.16	0.14	0.20
细罗纹织物	0.05	0.13	0.07	0.24
绒毛织物	0.11	0.19	0.15	0.46

表3-9　不同温度、湿度对测试结果的影响

颜色类别 \ 测色环境		25℃/35%RH	25℃/75%RH	30℃/35%RH	35℃/75%RH
Burgundy	酒红	0.33	0.16	0.37	0.17
Cherry Red	桃红	0.32	0.13	0.88	0.25
Dark Orange	橙	0.20	0.09	0.30	0.10
Light Orange	艳橙	0.10	0.07	0.20	0.08
Dark Brown	深棕	0.22	0.06	0.22	0.12
Dark Green	墨绿	0.26	0.12	0.28	0.11
Jade	翠绿	0.13	0.07	0.05	0.09
Bright Blue	艳蓝	0.46	0.13	0.39	0.14
Dark Navy	深藏青	0.12	0.13	0.21	0.18

值得注意的是,小样确认时常常会遇到这种现象,即试验室打样测试已达到客户要求,但客户不确认。出现这些尴尬局面的原因很复杂,有企业相关人员与客户目测本身的差异,评价环境的差异,也有客户的特殊要求,还有各国文化差异等。常见问题与分析如下。

(1)客户意见与实际情况差异大。应关注光源与跳灯,若采用光敏、热敏严重的染料作主色打样的话,对色中更易出现问题,如橄榄绿R等。

（2）客户反映普遍偏深。关注叠层，尤其是薄织物；关注对色时的环境温湿度等。

（3）客户要求"苛刻"。由于电脑测色所反映的色差是总色差，所以更应关注产品的用途与客户对色光的偏好。如欧洲单忌偏红、童装单忌偏暗、男装单忌偏艳等。另外色彩是有"灵性"的，打样时若处方不合理、烘干不合适等，会导致色泽呆板，此时即使总色差能达到要求，客户目测不满意也会不确认。

（六）同色异谱现象

某些色样在不同的光源下会呈现不同的颜色，这种随光源不同而产生色彩变化的现象称为色变异，或光源色变现象。其主要原因是同色异谱现象所致，即颜色相同，光谱组成不同。如某标准样（STANDARD）与某批次样（BATCH）的视觉效果相同，经电脑测色 $\Delta E < 0.4$，但它们的反射率曲线存在较明显的差异，如图 3-14 所示。

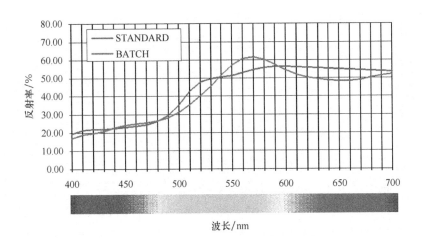

图 3-14　标准样与批次样的光谱反射率曲线

不同的光源在不同的波长下能量分布不同，详见图 3-15、图 3-16。

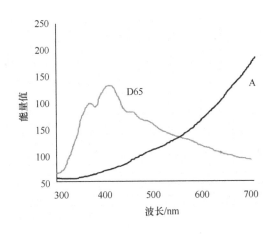

图 3-15　A 光源和 D65 光源的能量分布

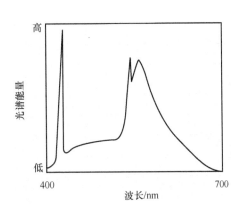

图 3-16　CWF 光源的能量分布

颜色是由光源作用于物体，通过物体的吸收、透射，最终由观察者对物体的反射光作出的一种视觉反应。每个物体的颜色都有它特定的光谱反射率曲线，物体在指定光源下反射出可见光谱，给标准观察者就会产生光谱三刺激值。当光谱反射率曲线不同的两个物体的光谱三刺激值相等时，就认为这两个物体为条件等色。一旦光源改变，由于每个光源的能量分布不同，产生的光谱三刺激值就不再相等，这就产生了跳灯现象。

例如，颜色 A 与 B 在 CWF 光源下等色，颜色 A 为标样，颜色 B 为参比样，颜色 A 与 B 的光谱反射率曲线见图 3 – 17。

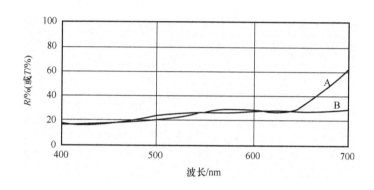

图 3 – 17　色样 A 与色样 B 的光谱反射率曲线

由图 3 – 17 可见，A 光源在 700nm 附近的平均能量比 CWF 光源高得多，700nm 附近为红橙色光源，而颜色 A 在 700nm 附近的光谱反射率比颜色 B 高，所以当从 CWF 光源转换到 A 光源时，颜色 A 就要比颜色 B 显得红。D 65光源在 450 ~ 550 nm 波长段的平均能量比 CWF 光源高得多，这个波长段光源的颜色为蓝色，颜色 A 在这个波段的光谱反射率比颜色 B 高，所以从 CWF 光源转换到 D 65光源时，颜色 A 就比颜色 B 显蓝光。

同色异谱的判断方法主要有肉眼观察法和测色仪评判法，前者比较直观，后者比较精确，具体方法如下。

1. 肉眼观察法

选择一台多光源灯箱，将标样与参比样分别在 D65、A、CWF 光源下观察色泽变化，若在不同的光源下色泽基本一致，说明不跳灯；反之则有跳灯现象。在某光源下色泽变化越大，表明跳灯越严重。

2. 光谱反射率曲线法

采用电脑测色仪测色，通过测得的数据（如 ΔL^*、Δa^*、Δb^*、ΔE 等）来判断跳灯的方向及程度。在不同光源下的 ΔE 差异越大，说明跳灯越严重，具体偏什么色光可通过 Δa^* 和 Δb^* 的偏移程度来判断。

跳灯现象主要与染料结构本身有关，其次与色泽深浅也有一定的关系。一般颜色越浅，同色异谱程度也越小，如颜色浅到如同白色就不存在跳灯了。反之，颜色越暗（即饱和度越低），同色异谱可能性就越大，颜色越深（即亮度越低），跳灯程度就越大，如黑色、藏青色、咖啡色等的跳灯可能性及程度很大。

三、技能训练项目

(一)染色重现性试验

1. 任务

在三原色拼色宝塔图中任选 2 只三拼色样,按原处方、原工艺复样,然后评定色差,讨论影响染色重现性的主要因素。

2. 要求

(1)建议选择三原色拼色宝塔图中色泽过渡性差,即"跳跃"较大的色号复样。

(2)重样试验按 2 人/组进行,讨论、交流汇报以项目团队为单位。

(3)各团队选择一名代表,以 PPT 形式汇报交流。

3. 操作程序

任选复样色号→按原处方配制染液→按原工艺染色→后处理→烘干→目测色差→分析染色重现性的影响因素→汇报交流。

(二)色差评定与处方调整计算

1. 任务

学习电脑测色基本原理和操作方法,分析色差产生的主要原因和减少仪器测色误差的基本措施,学会判断色泽偏离程度和计算调整处方,并验证调整方案的正确性。

2. 要求

(1)利用网络版电脑测色软件学习电脑测色操作。

(2)用电脑测色仪评定复样结果,并对比人工对色和电脑测色结果的差异。

(3)依据目测与电脑测色结果建议,尝试调整拼色比例,以加成或减成法计算处方。举例如下。

复样处方为:艳蓝 KN – R 3mL,黄 M – 3RE 7mL,经判断比原样约深 2 成(即 20%),且缺黄光约 3 成(即 30%)。调整处方计算如下。

第一步:调浅 20%

艳蓝 KN – R 用量　$3 \times (1 - 20\%) = 2.4(mL)$

黄 M – 3RE 用量　$7 \times (1 - 20\%) = 5.6(mL)$

第二步:将黄增加 30%

黄 M – 3RE 用量　$5.6 \times (1 + 30\%) = 7.3(mL)$

或直接计算黄 M – 3RE 用量　$7 \times (1 + 30\%) \times (1 - 20\%) = 7.3(mL)$

经调整后的打样处方为:

艳蓝 KN – R　2.4mL

黄 M – 3RE　7.3mL

第三步:按调整后处方吸取染液、调整水量、配制染液打样。

3. 操作程序

电脑测色练习(参见电脑测色操作规程)→测定重现性试验样布→分析测色结果(包括深浅、色光等)→目测确定调整方案→计算调整处方→配制染液→打样验证。

四、问题与思考

1. 影响打样重现性的因素有哪些?

2. 分析影响仪器测色准确性的主要因素。

3. 按原工艺处方要求计算实际用量。当按该处方打样后发现颜色偏浅,需增加20%,请计算调整后的处方及实际用量。

原工艺		调整后	
处方	实际用量	处方	实际用量
染料用量5%(owf)	染料母液:	染料用量	染料母液:
助剂20g/L	固体助剂:	助剂	固体助剂:
浴比1:100	水:	浴比	水:
织物重2g		织物重	

注: 染料母液浓度为5g/L。

项目四 辨色能力训练

一、任务书

单元任务	1. 色盲测试 2. 色浓度排列 3. 灰彩度排列 4. 色偏向描述与色差距离检测 5. 配色训练	参考学时	6~12
学习目标	1. 认识色彩语言、色空间，理解色彩的相对性含义，掌握调整色彩的三个要素 2. 利用三向综合配色训练系统能进行色浓度和灰彩度判断、色偏向描述与色差距离的检测 3. 基于三向综合配色训练系统能进行各种颜色的配色		
基本要求	1. 每2人一小组，在基础训练（即色浓度、灰彩度、色差等）完成后再进行配色训练 2. 色差检测与配色训练中，注意选用各种系列的色棋 3. 色偏向与色差检测训练中，将色棋与实物色样训练相结合		
方法工具	理论教学：多媒体教室、课件 实践教学：三向综合配色训练系统		
参考资料	三向综合配色训练系统教材		
提交成果	1. 色盲检测通过，色浓度和灰彩度排列正确率达90%以上 2. 色偏向描述与色差距离的检测正确率达80%以上 3. 配色得分70分以上		
主要考核点	1. 色彩浓度、灰彩度的感知 2. 色偏向与色差的描述		
评价方法	基本训练：自测 配色训练：仪器评价		

二、知识要点

(一)色彩语言与色彩三度空间

1. 色彩语言

(1)向度(色相角度，即色光)。是指颜色在按黄、橙、红、紫、蓝、绿规律变化的色相环上的时钟角度。如图4-1、图4-2所示。

(2)彩度(鲜艳度)。指对黄、橙、红、紫、蓝、绿的色彩知觉。当彩度等于零时，就是标准灰，也就是色相面的正中间色。如图4-1所示。

(3)浓度(深度)。是指颜色深浅或浓淡的色知觉。可定义为与其他色彩混色后改变色彩的能力或力度。

浓度为独立性语言,向度+彩色为色相面语言。以彩度数据画一圈,从圆心往色相角度画一直线,其交叉点就是色相色度位。如图4-1所示。

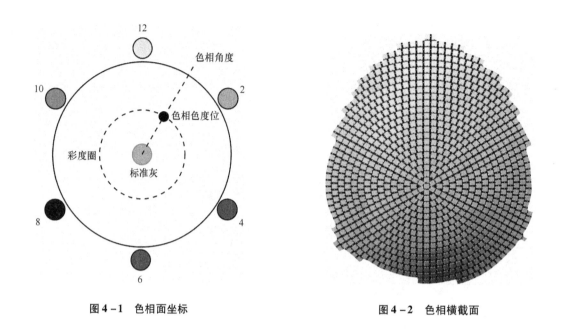

图4-1 色相面坐标

图4-2 色相横截面

2. 色彩三度空间

色彩三度空间即色立体结构,如图4-3所示。为了准确地描述颜色,在色相面按圆周方向由深到浅划分为24个等份,色相面二十四色相坐标名称如图4-4所示。

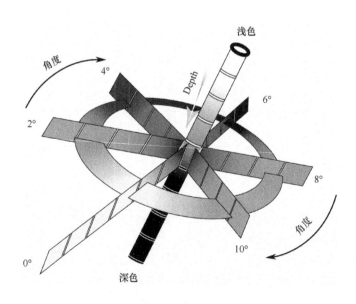

图4-3 色立体

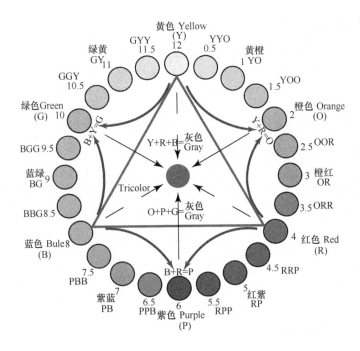

图4-4　二十四色相坐标名称

(二) 色彩的判断及调整

1. 调整色彩的三个要素

要掌握色彩调整的方法,首先应学会准确判断颜色的深浅、色差、色光三要素。具体方法如下。

(1)深浅浓度的判断。它是决定配方加深还是调浅的依据。当颜色接近时,可由明暗度来判别深浅,明则浅,暗则深。

(2)色光偏向的判断。它是决定配方中各单元色如何调整的依据。越接近灰色系列的色彩,其灰彩度越难判断,故仅以黄、橙、红、紫、蓝、绿的感觉做色偏向调整即可。如:偏黄则减黄或加红加蓝,偏橙则加蓝或减黄减红,偏红则减红或加黄加蓝,偏紫则加黄或减红减蓝,偏蓝则减蓝或加黄加红,偏绿则加红或减黄减蓝。且加互补色等同加灰,减互补色实为加彩。

对于彩度系列的颜色,颜色的鲜与钝(即萎暗)对色相的判断很重要。若标准样较鲜艳,则表示应往色相加深方向调整,使彩度圈变大,即彩度增加,然后再判断色相角应偏左还是偏右;反之标准样较钝,便往其色相的反向调整,使彩度圈变小,再决定其色相角度应偏左还偏右。

(3)色差距离大小的判断。它是决定调整配方幅度的大小。当颜色接近时,配方容易调整过大,所以调色时必须特别注意色差,包括色相差和浓度差。

2. 色彩的相对性

色彩是相对性的,这是一个必须要建立的观念,非色彩行业的人员有可能不知晓,所以会造成色彩描述上极大的问题。在图4-5中任取一个颜色(如红色域),将从其上方开始顺时针的六个颜色作比较,与其邻近的颜色会有偏六种色系存在,即偏黄、橙、红、紫、蓝、绿。随意再取另一颜色,得到同样的结果。因此可知颜色是相对性的,当你在比较两个颜色一个偏黄时,另一颜

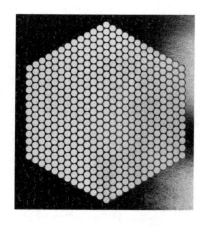

图4-5 三向色彩图横截面

色必定看起来偏紫(即对角的颜色)。也许有些人对绿色及蓝色的敏感度较差,此时就可以利用颜色的相对性,由橙色及红色反向思考去加强自己的辨色或调色需求。

3. 明度与浓度

明度是指人的眼睛对一颜色感受明亮的程度。但色相及彩度都会同时影响着明度,人的眼睛看黄色感觉比较亮,而蓝色看起来偏暗;彩度越高也会觉得亮,反之偏暗。由此可见明度具有抽象且相对性的属性,容易受其他两属性即色相、彩度的影响,即使量化也不可能完全具有独立属性。反观"浓度",任何颜色的组合配方,当浓度一起增高时颜色即可加深,一起降低就是颜色变浅,这是色彩调色人员每日都会接触或利用到的,与色相及彩度相比完全具有可独立计算的属性,也是在发展均匀的色彩空间或电脑测、配色计算过程中不可缺少的属性,故在这里我们以浓度取代明度。

(三)三向综合配色训练系统简介

印染行业试化验人员的配色与打样技能直接关系到企业产品的质量与效益。目前配色与打样人员的培训教育存在诸多问题,如技术传承不到位,缺少正确的方法和科学的指导,缺乏训练器材等,所以打样训练效率较低。三向综合配色训练系统,能大大提高打样人员的辨色能力训练效率,对于专业测配色人员配色能力的快速检定,更是提供了既科学又快捷的方法,可以在短时间内完成对测、配色人员配色能力的大量测试和考核。

本系统利用色棋与电脑软件进行修色训练,无须等待染色时间及其他繁复作业即可快速掌握配色与修色要诀。另外,软件中使用的色彩描述修色法,可以训练色彩相关行业的人员描述色彩方式,便于日后熟悉、了解并运用色彩专业语言进行色彩沟通。

三向综合配色训练系统主要包含检测器材与训练器材两部分。检测器材分为色盲检测、辨色能力检测、眼睛类别检测;训练器材即为配色训练教材。

1. 检测器材

(1)色盲检测。浅中深3组色环,每组色环24个色棋,共72个色棋。

(2)辨色能力检测。分浓度与灰彩度能力检测,共120个色棋。

浓度排列:浅灰、中灰、深灰、黄、橙、红、紫、蓝、绿9色系,一色系8个色棋。

灰彩度排列:黄、橙、红、紫、蓝、绿6色系,一色系8个色棋。

(3)眼睛类别检测。有色变的8个色棋。

2. 训练器材

由26组不同彩色系色棋,5组灰色系色棋组成,每组37个色棋。

三、技能训练项目

(一)色盲测试

色盲测试为三向综合配色训练系统最基础的项目,它分浅、中、深三个色环,视觉正常者30~

50s 完成任务,如果耗费时间过长或排列错误,则不适合从事色彩相关行业。

检测方法:

(1)先选择中色系色盘,将色棋打散。

(2)从中任选一颜色,再找出与之接近的颜色,依次排列呈直线或圆圈,见图 4-6。

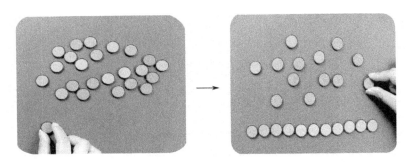

图 4-6　色相阶排列

(3)完成后可按色棋背面编码自行查看排列是否正确。

(4)再重新以浅色系或深色系色盘为对象,重复以上步骤的检测。

(二)色浓度排列

本项目共 9 组色系(图 4-7),可测试各色系的敏锐度。先选择色间隔小的色棋,打散后由浅排至深。

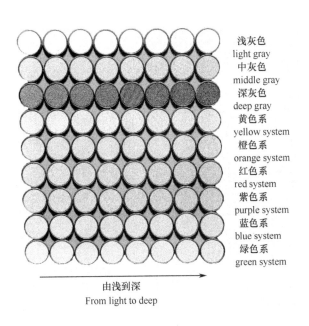

浅灰色
light gray
中灰色
middle gray
深灰色
deep gray
黄色系
yellow system
橙色系
orange system
红色系
red system
紫色系
purple system
蓝色系
blue system
绿色系
green system

由浅到深
From light to deep

图 4-7　9 组色浓度排列色棋

检测方法:

(1)按由浅至深的顺序将色棋排列完成(对色需将色棋调整纹路走向一致)。

（2）翻开背面查看色棋编码是否正确。编码为 D1～D8。

（三）灰彩度排列

本项目共 6 组色系（图 4－8），可测试各色系的敏锐度。检测方法同浓度排色，背面编码为 C1～C8。

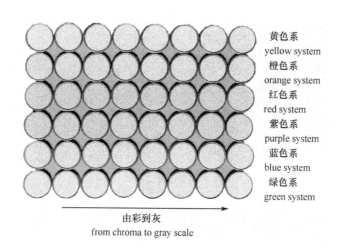

图 4－8 6 组灰彩度排列色棋

（四）色偏向描述与色差距离检测

有 A、B、C、D 四行标准灰，利用标准灰与不同色偏向的色棋进行对照，建立对色偏向的概念。使用灰色系色相盘的色棋进行下列检测（图 4－9）。

（1）拿出标准灰与 A 行的所有颜色，请待测试人员按黄 Y、橙 O、红 R、紫 P、蓝 B、绿 G 的顺序排成一色环，翻开背面看是否排列正确。正确后进行色偏向描述测试。

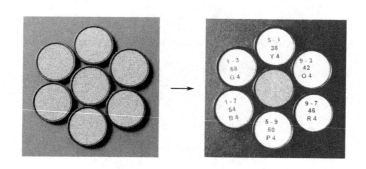

图 4－9 标准灰色环排序

（2）拿出标准灰放在色相盘上，任意拿一色棋当测试样，描述该测试样偏哪一色光。

（3）重复以上两步骤，依序用 B、C、D 行色棋进行检测。

（4）利用所有色棋进行第二步骤，描述测试样偏哪一色光及与标准灰的色差距离（即图中圈起的数字）。

(五)配色训练

本项目共有 31 组不同色系,每组色系有 37 个色棋,训练时先选择一组色系,任意取出一色棋当比较样,再由其他色棋逐一当标准样,以此方式进行随机配色组合,一色系的配色组合高达1332 组,任一组合都是在实际配色中可能遇到的情况(图 4 – 10)。

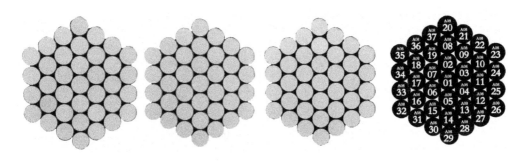

图 4 – 10　31 组各 37 个配色色棋与背面编码

不同组合的色相对配方调整有着很大的影响,如图 4 – 11 所示。

<A> 组合的[Y1]、[R1]、[B1]是纯黄、纯红、纯蓝,它是理想组合,现实环境中很难找到这种组合。<B> 组合是比较接近于纯黄、纯红、纯蓝的类似组合,这种组合比较常用。在 <C> 组合中,色料[O]的红色含量是最高的,所以[O]在 <C> 组合中代表红色。然而[O]在 <D> 组合中却是黄色含量最高,所以在 <D> 组合中[O]却代表黄色。在 <E> 组合中,色料[B3]的红色含量是最高的,所以[B3]在 <E> 组合中代表红色。

假如一个颜色用 <B> 组合和 <E> 组合都能打出样来,色样需减红色 25%,用 <B> 组合只需减 24%~25% 红,而其他两只色料只是微调即可,但用 <E> 组合需减 30% 左右的[B3]才能达到减 25% 红的效果,但这样蓝光也减少了很多,所以还需加[B2]来达到不减蓝光的效果,并且调幅必须加大。配色人员必须要有这个概念,否则会多调好几遍。

图 4 – 12 所示配方 B 与配方 E 是不同组合的相同颜色。

由此可见,配色人员对色值一定要清楚,这样才能提高配色效率。

理想的纯黄、纯红、纯蓝在现实环境找不到		
Y1	R1	B1
Y R B	Y R B	Y R B
100 0　0	0 100 0	0　0 100

<A>

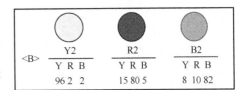

Y2	R2	B2
Y R B	Y R B	Y R B
96 2　2	15 80 5	8 10 82

<B>

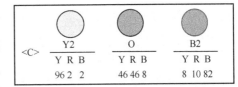

Y2	O	B2
Y R B	Y R B	Y R B
96 2　2	46 46 8	8 10 82

<C>

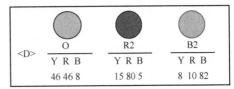

O	R2	B2
Y R B	Y R B	Y R B
46 46 8	15 80 5	8 10 82

<D>

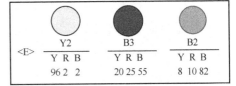

Y2	B3	B2
Y R B	Y R B	Y R B
96 2　2	20 25 55	8 10 82

<E>

图 4 – 11　不同的染料组合与色值

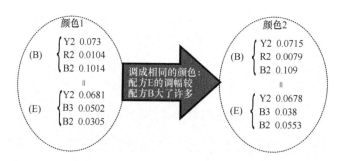

图4-12 相同颜色与不同染料、用量的配方比较

1. 配色训练流程（图4-13）

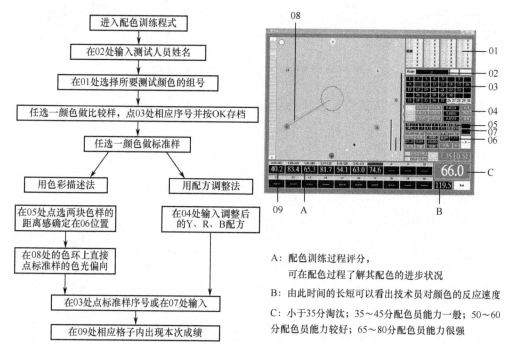

A：配色训练过程评分，
可在配色过程了解其配色的进步状况

B：由此时间的长短可以看出技术员对颜色的反应速度

C：小于35分淘汰；35～45分配色员能力一般；50～60分配色员能力较好；65～80分配色员能力很强

图4-13 三向配色软件操作流程说明

　　三向配色软件提供两种方式来进行修色，一是测试者直接调整配方，一是由软件根据测试者输入的色光偏向及色差距离自动调整配方。后者可以帮助配色初学者学习修色。软件会提供正确配方及修色前后的色差数据供测试者学习。操作界面见图4-14。

2. 调色方法

（1）色彩描述法。

①在02处输入测试者姓名（不可为空）。

②在03处点选组号。

③抽取一块比较样放在调色盘左边，在07处点击相应的序号，另抽取一块颜色放在调色盘右边做标准样。

④点击06处开始测试，16处便开始计时。

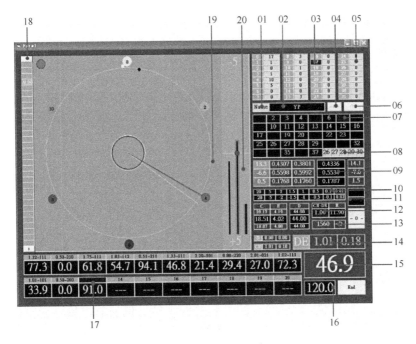

图4-14　三向配色软件主画面

01—调整配方与追加套色法切换按钮。name 表示做调整配方法；＋＋＋表示做追加套色法　02—输入测试者
姓名　03—组号选择　04—清除按钮　05—对应组号的训练次数记录,点击可进入(图4-15)画面　06—开始
按钮　07—色块序号点选区　08—浓度差训练时标准样的组号选择　09—左起第一列为正确的调整百分比
例及所用单色模拟显示,第二列为正确的标准样配方,第三列为比较样配方,第四列为测试者调整的标准样
配方,第五列为测试者调整的百分比例　10—数据点选区　11—上方为浓度差训练时标准样的组号输入
框；下方为标准样序号输入框　12—色差距离调整区(色彩描述法训练时使用)　13—点击进行浓度
差训练　14—左边为调整前的色差距离；右边为调整后的色差距离　15—目前的平均分数,每完成
一个标准样的调整系统自动计算平均分　16—完成一个标准样调整所用的时间,点击进入列印
画面　17—每完成一个标准样调整的分数,上方数据分别表示调整前的色差及调幅,012 表示
三只染料调整方向是否正确,0 为不正确,1 为正确但调幅不够,2 为正确但调幅过大　18—显
示所选择组号的练习记录,下面分别按顺序列出,点击可查看详细记录　19—色光偏
向点选区,白圈、黑圈、红圈分别表示比较样、测试者调整、标准样的彩度圈,线条则
代表其色度角；圆圈上的白点代表调整样的色光位置,黑点代表标准样正确的色光
位置　20—黄红蓝三条线分别代表对应色光调整的幅度,点击可使用小键盘

⑤在10 处点选数据至12 处调整两块色样的色差。

⑥在19 处点选标准样的色光偏向。

⑦在07 处点击对应的标准样序号,系统随即给出本次练习分数显示在17 处。

(2)调整配方法。

①与色彩描述法中 a～d 一致。

②在09 处第四列输入调整后的配方或点击20 处进入小键盘调整配方、百分比例。

③确定后按回车在11 处下框输入标准样序号或在07 处点击对应的标准样序号,系统随即
给出本次练习分数显示在17 处。

（3）浓度差训练法。

①与色彩描述法中 a ~ d 一致。

②务必将 13 处点为蓝色。

③在 09 处第四列输入调整后的配方或点击 20 处进入小键盘调整配方、百分比例。

④确定后按回车在 11 处上、下框分别输入标准样组号及序号或在 08 处点选组号后在 07 处点击序号，系统随即给出本次练习分数显示在 17 处。

（4）追加套色训练法。

①在 02 处输入测试者名称。

②将 01 处点击为 + + +。

③与色彩描述法中 b ~ d 一致。

④在 09 处第四列输入所要追加的配方用量，或点击 20 处进入小键盘调整追加用量或百分比例。

⑤同调整配方方法第 3 步一致。

追加功能只是一种概念教学，现实环境并不等同于软件里的追加状况，现实环境的追加会因所用染料的色光、浓度不同而不同，也会因残液是否排掉、染料是否能完全吸收而不同，但因配修色的原理均大同小异，只要软件训练合格了，在实际运用中也会很快适应。软件训练记录画面见图 4 – 15，软件记录查询见图 4 – 16。

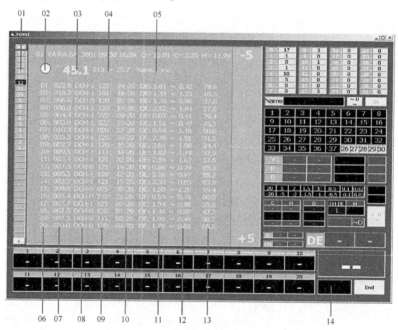

图 4 – 15　软件训练记录

（点击对应组号的训练次数，即可进入此画面）

01—本组所有练习记录　02—本组的模拟色　03—平均分　04—本次训练的总时间及平均秒　05—测试者姓名

06—色样顺序　07—完成每一个颜色所用的时间秒数　08—DCH 为用色彩描述法完成的，YRB（色料代码）

为调整配方方法完成的　09—3 个数字分别代表三种色光的调整方向是否正确，0 为错误，1 为方向正确

但调幅还不够，2 为方向正确但调幅过大　10—标准样与比较样的序号　11—调整前的色差距离

12—调整后的色差距离　13—每一笔的分数　14—点击进入记录查询

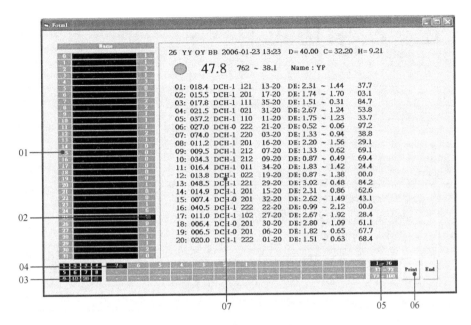

图 4 – 16　软件训练记录查询

01—列出 0~31 组号,点击组号会显示所有测试者姓名记录(图 4–17)　02—对应组号所做过的次数记录　03—0 为显示所有记录,1 为显示最后一笔记录,2 为最后两笔,以此类推　04—列出每一次记录　05—翻页　06—列印　07—列印预览

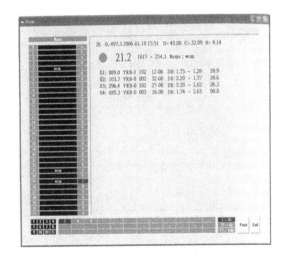

图 4 – 17　所有测试者姓名记录

四、问题与思考

1.有位客户拿着色卡到技术科来配色,但没人愿意接他的单子,为什么?

2.配色环境有何要求?若在窗户边配色会出现哪些问题?

3.某家染厂老板说,我们企业使用了电脑配色系统,为什么配色小样与现场大货染色重现性还是没有得到改善呢?请分析原因。

项目五　浸染仿色

一、任务书

单元任务	1.棉织物(或纱线)用活性染料浸染仿色 2.锦纶(或羊毛、蚕丝)织物用弱酸性染料浸染仿色 3.涤纶制品用分散染料浸染仿色	参考学时	42~48
学习目标	1.正确理解拼色原理与原则,并能灵活运用 2.能正确审样、选择染料、计算处方、掌控工艺条件等 3.熟悉浸染仿色操作规范,掌握方法技巧,能仿制活性染料、酸性染料织物或纱线浸染小样		
基本要求	1.每人完成8~10只涵盖各种色调、深暗浅艳兼顾的活性染料浸染仿色任务,2~3只常见色泽的酸性染料浸染仿色任务,色泽均匀,色差≥4级 2.学生自行制订活性染料、酸性染料浸染工艺,开具处方、实施打样、调整处方等,直至符合规定要求 3.教师负责检查学生制订的方案,并帮助完善;负责现场指导,纠正错误 4.必要时可借助电脑测色仪帮助分析、调整处方		
方法工具	实验教学:水浴锅、电子天平、烘箱、电脑测配色仪 计算机辅助教学:多媒体教室、测色软件、课件		
参考文献	1.沈志平.染整技术(第二册)[M].北京:中国纺织出版社,2009. 2.蔡苏英.染整技术实验[M].北京:中国纺织出版社,2009.		
提交成果	每人不少于10只仿色样(包含活性染料、酸性染料)、所有过程样		
主要考核点	1.打样操作的规范性、安全性和熟练程度 2.仿色样的数量与质量		
评价方法	打样操作:过程考核 仿色结果:数量应满足要求,且染色均匀,色差≥4级,过程样齐全		

二、知识要点

(一)审样方法

对来样进行审核是仿色工作的一项很重要的程序,仿色前必须根据客户对产品的相关质量要求,如原料组分、组织结构、色泽、色牢度、对色光源、染色效果、后整理要求、环保等内容认真审核,并做好登记存档工作。通过审样,为染料选择、工艺制订等提供参考依据。

(1)审纤维主体与产品用途,确定染料类别。如来样是内销还是外销,有哪些具体质量要求,尤其是生态指标要求、检测标准等。

(2)审来样形式与组织结构,确定打样所用织物。来样类型有多种,主要包括织物样、纸样、纱线样、标准样卡等。来样与仿色样材料不同或组织结构不同对色光的反射规律是不同的,因此必须认真审核来样,弄清织物成分、组织结构等,根据客户要求确定仿色所用织物。

(3)审色泽特征、色牢度等要求,选择拼色染料。客户来样的色泽深浅、明暗、均匀性等要正确判断与理会,为合理选用染料提供帮助。色牢度类型很多,如耐洗、耐光、耐摩擦、耐汗渍、耐熨烫、耐氯等,染色产品因用途不同对色牢度的要求是不同的,在实际生产中不可能也没必要同时满足各项色牢度都达到较高标准。所以掌握来样色牢度要求,对合理选用染料和确定染色工艺具有十分重要的意义。

(4)审对色光源、对色面,了解对色标准。光源对织物色泽的影响很大,光源不同织物表面呈现的颜色也会产生不同的变化。仿色前应明确客户对光源的要求,仿色时在相应光源下进行色光调整。标准光源也是人造光源,是模拟不同环境下或光线下的光源。采用标准光源能使染整工厂生产车间或实验室等在非现场环境下获得与这些特定环境下的光源一致的照明效果。

(5)审客户对色光的偏好,掌握打样偏差范围。由于各国文化的差异和产品用途的不同,所以客户确认样时会有一定的色光偏好,如欧洲单忌偏红、童装单忌偏暗、男装单忌偏艳等。了解这些便于打样人员很好地掌握色光偏差范围。

(6)审产品后续整理工艺,预测可能发生的问题。染后整理的内容包括柔软、硬挺、拉幅、轧光、预缩、免烫、阻燃、抗紫外线、卫生等整理,有些整理会对织物色光产生较大影响,因此我们在仿色时应考虑这些因素的影响。

(二)染料选择

染料选择是印染打样中的一个重要环节,它不仅影响染样色光、牢度等,而且与染色工艺的稳定性有着密切的联系,还直接关系到产品成本及经济效益。染料类别的选择一般依据原料组成与性质、颜色特征(如色调、色光、鲜艳度等)、染色牢度要求、加工成本、设备条件、环保要求等因素,具体拼色染料的选择更应该关注染料的配伍性、匀染性、染深性、工艺依存性、跳灯现象等。

1.依据原料组成与性质

组成织物的纤维原料是染料选择最基本的依据,打样前首先应了解被染织物的纤维种类,是单纤维制品还是混纺或交织物,混纺比例是多少等,以便正确选择染料与合理制订工艺处方。常用纺织纤维染色所适用的染料见表5-1。

表5-1 常用纺织纤维染色所适用的染料

染料纤维	直接	活性	还原	硫化	分散	阳离子	酸性	酸性媒染	酸性络合	中性
棉	√	√	√	√						
麻	√	√	√							
黏胶纤维	√	√	√	√						
蚕丝	√	√					√	√	√	√
羊毛		√					√	√	√	√
涤纶					√					
锦纶		√			√		√			√
腈纶					√	√				

混纺或交织物应根据纤维成分及含量选择合适的染料和工艺,尽量选择两种纤维共同适用的染料,这样可使染色方法及工艺比较简便。如果没有合适的则可选择两类染料分别上染两种不同的纤维,但应考虑两染料的工艺适应性。如涤/棉制品可选择涂料等染色,也可选择分散/活性、分散/还原染料染色。又如锦/棉交织物,可选择活性染料染色,也可以选择分散/活性、弱酸性/活性染料等工艺染色。

2. 依据客户来样要求

来样要求一般包括色差、鲜艳度、染色牢度、生态指标要求等。对于某些纤维制品,适用的染料品种往往很多,但并不是所有的染料都能满足客户要求。如有些染料只能染得某一特定的色泽;有些染料可能适用于染深浓色,有些染料只适用于染浅淡色;有些染料牢度好,有些染料牢度差等。这就需要我们对各类染料的应用性能有足够的了解,包括它们的色谱、鲜艳度、染色牢度、价格等,然后根据客户对色泽、牢度等要求选择最合适的染料。棉织物常用染料的应用性能见表5-2。

表5-2 棉织物常用染料的应用性能

染料\性能	活 性	还 原	硫 化	直 接	冰染料	印地料素	涂 料
色 谱	齐全	缺艳大红	不全	齐全	缺艳绿	较齐全	齐全
鲜艳度	鲜艳	鲜艳	一般	一般	浓艳	鲜艳	鲜艳
皂洗牢度	较好	好	好	较差	好	好	好
摩擦牢度	较好	较好	一般	较好	较低	好	一般
日晒牢度	较好	好	较好	一般	一般	好	一般
匀染性	好	一般	一般	一般	一般	好	一般
染色方法	方便	较复杂	较复杂	简便	较复杂	方便	简便
价 格	较低	较高	低	低	低	高	一般
主要缺点	固色率低 不耐氯漂	光敏脆损	不耐氯漂 储存脆损湿 摩牢度低	湿牢度低	湿摩牢度低	染深性低 光敏脆损	搓洗牢度 低手感较硬
适用性	广泛	广泛	深浓色	较广泛	深浓色	浅淡色	较广泛

如客户需要加工一批艳绿色棉制品用作水洗服装面料,可选的染料有活性、还原、涂料等,但考虑到用途与成本,完全没有必要选择牢度高、价格贵、工艺复杂的还原染料,首选染料应该是涂料其次是活性染料。

有时为了便于打小样更快捷准确,需要对客户来样所用染料进行分析鉴别。鉴别方法一方面靠经验目测,另一方面可以采用二甲基甲酰胺(即DMF)等进行剥色试验(具体步骤可参阅《染整技术实验》)。

3. 考虑染料配伍性与工艺稳定性

当染料品种选定后,染色工艺就基本确定。拼色染料的选择关系到小样与大样的染色效果及一次符样率。三原色配色是最普遍的方法,很多客户来样也都是采用三原色染得的,因为三原色配伍性较好,同色异谱现象较小,染色质量相对比较稳定。但实际生产中仅用三原色打样是远远不够的,往往需要一些非三原色染料辅助配色。它们与三原色或相互之间的配伍性,直接影响着打样效果与产品质量,若配伍性差,大小样符样率差,实际生产中工艺不易控制,易出现色光不稳定、色差、色花等疵病。其次拼色染料不能有"跳灯"现象,以免对色不合格。

4. 考虑生产成本与节能减排

影响生产成本的因素主要有染料和助剂等原料成本、染色过程中的能源消耗、管理成本等。染料选择的基本原则是,在满足客户对产品色泽、牢度等方面要求的前提下,尽可能选用价格低廉、工艺简单、稳定性好、污染小的品种,这样有利于降低生产成本。工艺选择在保证质量前提下,以流程简短、操作简单、清洁环保、管理方便为原则。

(三)拼色原理与原则

拼色是一项复杂、细致而重要的工作,打样人员除了应具备色彩基本知识、敏锐的辨色能力外,还应掌握拼色基本原理、规则等,并注意不断积累打样素材及经验。

1. 拼色原理

拼色是以"减法"混色原理作为理论基础的。实际应用中由于找不到理想的三原色,常以红、黄、蓝作为代用三原色(也称一次色)。如果用两种不同的一次色拼混,可以得到橙、绿、紫等二次色;若以两种不同的二次色拼混,或以任意一种原色与灰色相拼,可得到三次色。拼色结果如图5-1所示。

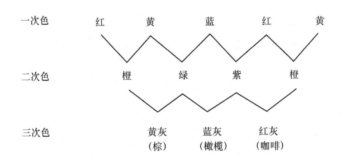

图5-1　三原色拼色结果示意

2. 拼色基本原则

拼色过程比较复杂,为使配色能获得预期的效果,做到快速、准确、经济,应遵循下列原则。

(1)"相近"原则。指拼色染料的染色性能应尽量相近。染料的染色性能包括亲和力、上染速率、上染温度、匀染性、染色牢度等。拼色时应尽量选择同一应用大类(或小类)的染料,否则染色工艺控制困难,还会由于染料配伍性较差而出现色光波动、匀染性差等现象。各类染料中的三原色往往是经过筛选的应用性能优良、配伍性能较好的染料,所以拼色时应优先考虑选用。同时还要考虑所选择的染料不会发生严重的"跳灯"现象。

(2)"少量"原则。指拼色时(尤其是拼鲜艳色),染料只数应尽可能少,一般不宜超过3只,这样便于色光调整与控制,同时对拼色染料的组分(指混合染料)应了解,尽量选用原组分中的染料补充或调整色光,以减少拼用染料的只数,确保色泽鲜艳度,减少染料之间的相互抵冲。

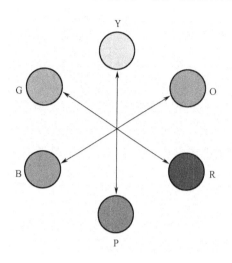

图5-2 余色关系

（3）"微调"原则。色光调整是以"余色"为理论依据的。所以利用余色原理来调整色光只能是微量的,如果用量稍多,色泽变暗,影响鲜艳度,严重时还会影响色相。为了方便操作,常将染料母液冲淡5~10倍。几种颜色的余色关系如图5-2所示。

（4）"就近选择"与"一补二全"原则。指拼色时,无论是主色还是辅色染料,还是调整色光用染料,都应选择与目标色最接近的染料,即称"就近选择"原则。尽可能做到选用一只染料,获得两种或两种以上的效果,即称"一补二全"原则。

三原色虽有万种变化,但三原色并非万能。所以不能完全依赖三原色配搭,面对任何一个颜色,最好的办法是选择一个近似色染料为主色,然后根据色光再以其他染料微调。如拼翠绿色,有条件的话应选择与翠绿色最接近的绿色染料,然后根据需要选择合适的染料调整色光。也可以选用翠蓝色（即绿光蓝）与嫩黄色（即绿光黄）拼混。又如拼红光蓝色,尽量不要采用"蓝+红",应选择与蓝色相近的颜色（紫色）补充红光,做到"就近补充",这样拼色操作更方便、经济。

（四）仿色技巧

1. 宝塔图对照法——适用于初学者

将三原色按一定比例制备拼色宝塔图,然后在三原色拼色宝塔图中寻找与标样颜色最接近的位置,估计各染料的用量比,经过计算开出处方,并化料打样。把染出的第一块小样与标样比对,再调整处方继续打样,直至获得满意的效果。

2. 点样法——适用色泽变化不大的水溶性染料

凭经验或根据参照处方开具小样处方,待染液配制好搅拌均匀后,用玻璃棒将少量染液滴加在被染织物上（有时也可用滤纸）,迅速对照标样,根据色相、色光差异调整处方。并通过打样、对色,完善处方。此法不适用于深度判断。

3. 加成与减成法——最常用的方法

将批次样与目标样对比,估计它们之间的差异程度（包括浓度、色光偏向）,然后通过计算调整处方重新打样。如初次打样处方染料浓度为1g/L,对照标样,通过目测或电脑测色,认为批次样浓度欠2成（即20%）,则染料用量应调整为:$1g/L \times (1+20\%) = 1.2g/L$。又如初次打样处方染料用量为2%（owf）,通过目测或电脑测色,认为批次样比标样深1成（即10%）,则染料浓度应调整为:$2\% \times (1-10\%) = 1.8\%$。

4. "夹击法"与"跨步法"——适用于已有若干个参考样时

"夹击法"是指从已打的多个小样中寻找客样所在的位置,估计它们的差异程度或调整范围,然后计算处方重新打样。如初次打样处方A染料用量为2.2%（owf）,B染料用量为2.0%

(owf),对照标样后发现 A 样比标样深,B 样比标样浅,采用"夹击法"可将处方调整为 2.1%(owf)。

"跨步法"是指从已打的多个小样中推导出客样所处位置。如初次打样处方为 C 染料用量 0.8g/L,D 染料用量 0.9g/L,对照标样,C、D 用量都不够,目测从 D 样到标样应增加的用量约为 D 样到 C 样增加用量的一倍,采用"跨步法"可将处方调整为:$0.9g/L + (0.9 - 0.8) \times 2g/L = 1.1g/L$。

5. 先浓度,后色相法——适用于打深浓色

拼色时若色相一致,深度不同,同比例增加或减少拼色染料各组分,往往导致色相色光变化。所以,若先在保证色相接近的基础上调节深度,然后再调整色相,使得后来调整所用的染料增加或减少很小,人眼感觉不出深度的变化,但色相的变化清楚体现出来了。一般来讲,大红色单深度增加,其色光越黄;枣红色单深度增加,其色光越蓝黑;宝石蓝色单深度增加,其色光越红;黑色单深度增加,其色光越红黄;咖啡色单深度增加,其色光越蓝。掌握了色光随深度的变化规律,也可深度与色相一齐调,这样调色效率就可更高。

6. 计算机辅助法——适用于应用染料品种比较稳定,资源库建设较完善时

详见项目八 计算机配色。

配色时除了应做好充分的技术准备外,还应做好必要的生理准备。因为人在休息良好、精力充沛的情况下,比疲劳状态下调色准确度高得多;另外目测某颜色时第一眼目测的准确度最高,若反复长时间目测会产生视觉疲劳而导致目测结果的误差。所以在良好的精神状态下,集中精力短时间内目测出的结果是高效调色的生理前提。

三、技能训练项目

(一)棉织物(或纱线)用活性染料浸染仿色

1. 任务

完成棉织物(或纱线)用活性染料浸染浅、中、深三种颜色的仿色样,色谱包括艳绿色、艳紫色、艳橙色、黄棕色、咖啡色、蓝灰色、豆绿色等,数量不少于 8 只。

2. 要求

(1)审样准确,能正确把握仿色要求,合理选用染料,制订可行的仿色工艺,快速准确地完成仿色任务。

(2)为节约耗材,浸染仿色织物一般不超过 2g,每批平行打样只数不宜过多,并配置合适浓度的染料母液打样。

(3)仿色训练初期可参考三原色拼色宝塔图,尝试用对比法制订初始配方,但不能依赖宝塔图,并且尽量不借助电脑测配色仪进行初始配方的制订。

(4)当仿色色差及均匀度均符合要求后,要及时贴样并存档,然后出具相应的工艺处方单(内容包括染料名称、浓度、生产厂家、力份、批号等)、工艺流程及工艺条件。

3. 操作程序

审样→制订仿色工艺→制订初始配方→配制染液→仿色打样→贴样并出具工艺处方单。

工艺处方计算举例：

如活性染料浸染仿色时，配制染料母液浓度 2g/L，织物 2g，浴比 1∶50，现分别吸取活性黄 M-3RE10mL，活性红 M-3BE 15mL，活性深蓝 M-2GE 5mL，称取食盐 3g，纯碱 2.5g 打小样，请计算小样工艺处方（即染料、助剂的浓度）。

(1)染料浓度的计算。

$$染料浓度（\%）=\frac{母液浓度（g/L）\times 母液体积（L）}{织物重量（g）}$$

分别设活性黄 M-3RE 浓度为 X，活性红 M-3BE 浓度为 Y，活性深蓝 M-2GE 浓度为 Z，则：

$$X=\frac{2（g/L）\times 0.01（L）}{2（g）}=0.01=1\%$$

$$Y=\frac{2（g/L）\times 0.015（L）}{2（g）}=0.015=1.5\%$$

$$Z=\frac{2（g/L）\times 0.005（L）}{2（g）}=0.005=0.5\%$$

(2)助剂浓度的计算。

$$助剂浓度（g/L）=\frac{助剂用量（g）}{染液体积（L）}$$

因织物 2g，浴比 1∶50，所以染液总体积为 100mL（0.1L）。分别设食盐浓度为 A，纯碱浓度为 B，则：

$$A=\frac{3（g）}{0.1（L）}=30g/L$$

$$B=\frac{2.5（g）}{0.1（L）}=25g/L$$

经计算，小样工艺处方为：

活性黄 M-3RE	1%（owf）
活性红 M-3BE	1.5%（owf）
活性深蓝 M-2GE	0.5%（owf）
食盐	30g/L
纯碱	25g/L

4. 注意事项

(1)计量器具要准确，染料母液应常更换。

(2)在仿色过程中要注意观察和总结随着染液浓度的变化颜色产生的变化程度，经过反复练习就会悟出仿色的技巧和规律。

(3)对色应在指定光源下进行，并注意保持标样的整洁，不要沾污标样而对色。

(二)锦纶(或羊毛、蚕丝)制品用弱酸性染料浸染仿色

任务:完成若干只弱酸性染料染锦纶(或羊毛、蚕丝)制品的浸染仿色样,色谱包括绿色、紫色、橙色、棕色、灰色等。

要求、操作程序:参照(一)棉织物(或纱线)用活性染料浸染仿色。

工艺与注意事项:参照项目一中的知识要点"弱酸性染料浸染"。

(三)涤纶制品用分散染料浸染仿色

任务:完成若干只分散染料染涤纶制品的浸染仿色样,色谱包括绿色、紫色、橙色、棕色、灰色等。

要求、操作程序:参照(一)棉织物(或纱线)用活性染料浸染仿色。

工艺与注意事项:参照项目一中的知识要点"分散染料高温高压染色"。

四、问题与思考

1. 在你所使用的仿色打样活性染料中,哪些染料的匀染性较差? 哪些染料的配伍性较差? 哪些染料对碱、温度的敏感性较大? 如何有效控制?

2. 请为下列仿色目标样选择染料品种(在合适的位置打√)。

目标样	活性嫩黄 M–7G	活性黄 M–3RE	活性大红 B–3G	活性红 M–3BE	活性艳蓝 KN–R	活性翠蓝 KN–G	活性深蓝 M–2GE
翠绿色							
艳绿色							
墨绿色							
紫红色							
黄橙色							
黄棕色							
咖啡色							
蓝灰色							

项目六　轧染仿色

一、任务书

单元任务	1.棉织物用活性染料轧染仿色 2.涤纶织物分散染料轧染仿色 3.涤/棉织物用分散/活性染料轧染仿色	参考学时	24～30
学习目标	1.能灵活运用拼色原则,了解轧染仿色特点,学会评价匀染度及色差等 2.能正确审样、选择染料、计算处方、掌控工艺条件等 3.熟悉轧染仿色操作规范,掌握方法技巧,能仿制棉布用活性染料轧染、涤/棉织物用分散/活性染料轧染小样		
基本要求	1.每人完成5～6只涵盖各种色调、深暗浅艳兼顾的活性染料轧染仿色任务,1～2只分散/活性染料轧染涤/棉织物仿色任务,色泽均匀,原样色差≥4级,匀染度色差≥3 2.由学生自行制订活性染料、分散/活性染料轧染工艺,开具处方、实施打样、调整处方等,直至符合规定要求 3.教师负责检查学生制订的方案,并帮助完善;负责现场指导,纠正错误,鼓励学生树立信心 4.必要时可借助电脑测色仪帮助分析、调整处方		
方法工具	电子天平、小轧车、烘箱、焙烘机、汽蒸箱、标准光源箱、电脑测配色仪		
参考文献	1.沈志平.染整技术(第二册)[M].北京:中国纺织出版社,2009. 2.蔡苏英.染整技术实验[M].北京:中国纺织出版社,2009.		
提交成果	每人不少于6只仿色样(包含4～5只棉布样,1～2只涤/棉布样)及所有过程样		
主要考核点	1.打样操作的规范性、安全性和熟练程度 2.仿色样的数量与质量		
评价方法	打样操作:过程考核 仿色结果:数量应满足要求,且染色均匀,色差≥4级,过程样齐全		

二、知识要点

(一)审样与处方调整特点

轧染打样与浸染打样的审样内容基本相同(详见项目五知识要点部分)。通过对来样的审核,综合考虑产品用途、色牢度、色泽、光源、后整理等,并根据染料特点、应用性能、重现性、可操作性、成本等合理选用染料。但由于轧染与浸染在加工方式上有较大的区别,所以在染料选择、处方调整、具体要求上有一定的差异,具体如下。

(1)浸染宜选择亲和力大的染料,轧染则不宜选择亲和力太大的染料,否则前后色差不易控制。尤其是染深浓色时,应选用提升力高、力份高、色牢度好的染料。

(2)轧染拼色时尤其应注意选用性能配伍性好、工艺依存性小的染料,否则大生产工艺难控制,极易出现色光不稳定现象。可采用比移值法测定拼色染料的配伍性(具体操作步骤可查阅《染整技术实验》)。

(3)对于打轧染深色品种,可以直接按处方用量在电子天平上称取染料,化料并配置染液,对于中浅色需要根据颜色深浅配制母液,母液浓度可以是10g/L、20g/L、40g/L、50g/L等。如某染料的母液浓度是50g/L,需要仿色的浓度是5g/L,则配制仿色染液时需要吸取10mL母液,然后配制成100mL染液。

(4)轧染打样相对浸染打样染料的实际用量大,色光调整也较容易,所以调整幅度也应适当大些。

对于涤棉混纺织物采用分散/活性、分散/还原等染料染色时,染料的选用还应兼顾两种不同类型染料的染色工艺、染色效果及相互影响等因素。

(5)为了贯彻落实清洁实验方案,实现节能降耗,减少实验废水的目的,在可能的前提下,可利用初次打样剩余染液,以"加法"形式补充加料调整处方,但应严格控制浸渍时间。

总之,合理选用染料,对方便生产,提高生产效率,保证产品质量等是十分重要的。

(二)混纺织物匀染度色差的判断与控制

为使混纺织物或交织物各纤维相得色均匀,避免闪色现象,打小样时,往往需了解各纤维相的匀染度色差,从而有效地控制。常用的方法如下。

1. 溶解法

取涤棉混纺织物仿色试样一块,分别用70%~75%硫酸和苯酚—四氯乙烷溶解棉纤维和涤纶,获取涤纶和棉纤维上的色泽信息,并根据两纤维相的得色差异分别调整涤纶和棉纤维染液处方。按规定方法和条件染色后,再重复上述操作,直至仿色试样色差符合规定要求为止。

此法能较直观地观察到分散、活性染料在两纤维相的真实得色情况,但操作比较复杂,成本比较高,且溶剂对部分棉纤维着色染料有一定的影响。

2. 分浴染色法(以分散/活性染料染色工艺为例)

按预先确定的小样处方分别配制分散/活性染料、分散染料、活性染料三只染浴,取涤棉混纺织物半制品三块,按规定方法及条件染色。染毕,根据单分散与单活性间的匀染度色差、分散/活性与标样之间的原样色差调整处方,然后再按此上述方法染色,直至仿色试样符合色差要求之止。

此法操作比较简单,但由于是分浴配制染液染色,故排除了分散染料对活性染料上染的影响和活性染料对分散染料上染的影响因素,与实际上染情况有一定的出入。

3. 同浴染色法(以分散/还原染料轧染为例)

按预先确定的小样处方配制分散/还原染料轧染液,取涤棉混纺织物半制品一块(将其划分为三部分),按下列工艺及方法操作。

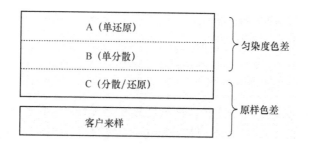

浸轧染液(A、B、C)→烘干(A、B、C)→剪下 A 部分→焙烘(B、C)→剪下 B 部分→浸轧还原液(A、C)→还原汽蒸(A、C)→透风氧化(A、C)→水洗(A、B、C)→皂洗(A、B、C)→水洗(A、B、C)→烘干(A、B、C)。

此法既简便,又比较符合两种染料的真实上染情况。但只适用于一浴两步法工艺。

三、技能训练项目

(一)棉织物用活性染料轧染仿色

1. 任务

完成棉织物用活性染料轧染浅、中、深三种颜色的仿色样,色谱包括绿色、紫色、黄棕色、咖啡色、蓝灰色等,数量不少于 5 只。

2. 要求

(1)审样准确,能正确把握仿色要求,合理选用染料,制订可行的仿色工艺,快速准确地完成仿色任务。

(2)轧染仿色染液每次配制量不超过 100mL。

(3)仿色训练初期,可借助于单色样卡或宝塔图,尽量不用电脑测配色仪进行初始配方的制订。

(4)当仿色色差及均匀度均符合要求后,要及时贴样并存档,然后出具相应的工艺处方单(内容包括染料名称、浓度、生产厂家、力份、批号等)、工艺流程及工艺条件。

3. 操作程序

审样→制订仿色工艺→制订初始配方→配制染液→仿色打样→贴样及出具工艺处方单。

工艺处方计算举例:

如活性染料一浴焙烘法轧染仿色时,配制染料母液浓度 20g/L,现分别吸取活性黄 M-3RE 30mL(0.03L),活性红 M-3BE 15mL(0.015L),活性深蓝 M-2GE 5mL(0.005L),称取尿素 2g,小苏打 1g,配制 100mL(0.1L)染液打小样,请计算小样工艺处方(即染料和助剂的浓度)。

(1)染料浓度的计算。

$$染料浓度(g/L) = \frac{母液浓度(g/L) \times 母液体积(L)}{染液体积(L)}$$

分别设活性黄 M-3RE 浓度为 X,活性红 M-3BE 浓度为 Y,活性深蓝 M-2GE 浓度为 Z,则:

$$X = \frac{20(\text{g/L}) \times 0.03(\text{L})}{0.1(\text{L})} = 6\text{g/L}$$

$$Y = \frac{20(\text{g/L}) \times 0.015(\text{L})}{0.1(\text{L})} = 3\text{g/L}$$

$$Z = \frac{20(\text{g/L}) \times 0.005(\text{L})}{0.1(\text{L})} = 1\text{g/L}$$

（2）助剂浓度的计算。

$$助剂浓度(\text{g/L}) = \frac{助剂用量(\text{g})}{染液体积(\text{L})}$$

分别设尿素浓度为 A，小苏打浓度为 B，则：

$$A = \frac{2(\text{g})}{0.1(\text{L})} = 20\text{g/L}$$

$$B = \frac{1(\text{g})}{0.1(\text{L})} = 10\text{g/L}$$

经计算，小样工艺处方为：

活性黄 M－3RE	6g/L
活性红 M－3BE	3g/L
活性深蓝 M－2GE	1g/L
尿素	20g/L
小苏打	10g/L

4.注意事项

（1）直接称料法计量器具一定要准确，并做到经常调试校准。

（2）小轧车轧液率要及时调整，及时清洗，并与大生产工艺保持一致。

（3）烘干时应注意不要产生泳移现象，避免染花。

（4）对色应在指定光源下进行，并注意保持标样的整洁，不要沾污标样而对色。

（二）涤纶织物用分散染料轧染仿色

1.任务

完成若干只涤纶织物用分散染料热熔法仿色，色谱包括绿色、紫色、黄棕色、咖啡色、蓝灰色等。

2.要求

审样准确，能正确把握仿色要求，合理选用染料，制订可行的仿色工艺，快速准确地完成仿色任务。

3.操作程序

审样→制订仿色工艺→制订初始配方→配制染液→仿色打样→贴样及出具工艺处方单。

4.注意事项

（1）拼色时分散染料尽量选用同类型的，其余要求同上述活性染料棉织物轧染仿色。

(2)分散染料染液配制时,应将称好的染料放入研钵研磨,然后再配制成相应的染液或母液。其余程序要求同活性染料棉织物轧染仿色。

(三)涤/棉织物用分散/活性染料轧染仿色

1. 任务

完成1~2只涤/棉织物用分散/活性染料轧染仿色,色谱以绿色、紫色、橙色等两拼色为主。

2. 要求

审样准确,能正确把握仿色要求,合理选用染料,制订可行的仿色工艺,快速准确地完成仿色任务。建议采用一浴二步法,参考处方见下表。

染 液	分散染料	x
	B型活性染料	y
	渗透剂	2g/L
固色液	碳酸钠	20g/L
	氯化钠	200g/L
	30%氢氧化钠	3g/L

3. 操作程序

(1)基本程序:审样→制订仿色工艺→制订初始配方→配制染液→仿色打样→贴样及出具工艺处方单。

(2)工艺流程及主要工艺条件:浸轧染液(一浸一轧,室温,轧液率65%~70%)→烘干→焙烘(190~210℃,1.5~2min)→浸渍固色液(室温,以均匀浸透为准)→薄膜汽蒸(140~150℃,2min左右)→水洗→皂洗(中性洗涤剂3~5g/L,95℃以上,3min)→水洗→烘干。

4. 注意事项

(1)配制染液时如果是较深色泽可直接称取,如果是中浅色依然将分散、活性染料分别化好母液后再移取冲淡用。

(2)涤棉混纺织物染色效果有同色效果——涤棉同色;异色效果——涤棉颜色不同;留白效果——只对其中一种纤维染色。因此在审样时一定注意染色效果要求,如果是留白或异色效果,就应选用相互沾色性小的染料。

(3)仿涤棉同色效果色样时,要注意观察涤棉组分是否同色(除客户要求留白或异色效果),如果涤棉不同色,要及时调整配方,使涤、棉两种组分在色泽深浅及色光保持相对一致。

(4)其余注意事项同分散染料轧染仿色。

四、问题与思考

1. 在对棉及涤棉混纺织物轧染仿色时,关键的工艺控制因素有哪些?

2. 轧染仿色时,如何保证匀染性?

3. 结合自身情况,分析总结如何快速掌握轧染仿色技能?

项目七 印花仿色

一、任务书

单元任务	1.涂料直接印花仿色 2.活性染料直接印花仿色	参考学时	6~12
学习目标	1.学会印花仿色手指样操作技巧 2.能较熟练地仿制各种色谱的涂料直接印花小样 3.学会仿制活性染料直接印花小样		
基本要求	1.每小组完成5~6只涵盖各种色调、深暗浅艳兼顾的涂料直接印花仿色任务,1~2只活性染料直接印花仿色任务,色泽均匀,色差≥4级 2.由学生自行制订涂料、活性染料直接印花工艺,开具处方、实施打样、调整处方等,直至符合规定要求 3.教师负责检查学生制订的方案,并帮助完善;负责现场指导,纠正错误,鼓励学生树立信心		
方法工具	实验教学:电子天平、网框、印花台板、烘箱、焙烘机等		
参考文献	1.王宏.染整技术(第三册)[M].北京:中国纺织出版社,2009. 2.蔡苏英.染整技术实验[M].北京:中国纺织出版社,2009.		
提交成果	每人不少于5只仿色样(包含活性染料、涂料)、所有过程样		
主要考核点	1.打样操作的规范性、安全性和熟练程度 2.仿色样的数量与质量		
评价方法	打样操作:过程考核 仿色结果:数量应满足要求,且得色均匀,色差≥4级,过程样齐全		

二、知识要点

(一)印花工艺制订

1.涂料印花工艺的制订

涂料印花色谱齐全、工艺流程简短、纤维适应性广、仿色容易,且印花轮廓清晰、精细,表现手法丰富等。但印后织物手感较差,搓洗牢度、摩擦牢度较差。广泛用于各类纤维制品的印花。

(1)印花色浆组成及作用。

	<1	1~3	3~5	>5
涂料(%)				
尿素(%)	2	2	2	2
黏合剂(%)	5	10	20	30
2%合成增稠剂				
基础白浆(%)	X	X	X	X
交联剂(%)	2	2	2	2

涂料为非水溶性浆状色素,是通过增稠剂的乳化、分散等作用,借助黏合剂在一定条件下的成膜包裹作用,并依靠交联剂对黏合剂皮膜的增强作用,将颜料固着。

(2)印花工艺流程及主要工艺条件。半制品(或色布)→印花→烘干(100℃左右)→焙烘(150~170℃,3min)→(后处理)。

(3)工艺说明。

①色浆厚薄一般用稀乳化糊或合成增稠剂调节,不宜直接加水。

②当涂料用量多、印制面积大、火油质量较差时,可通过水洗后处理,以减少印花织物的火油气味。

③白涂料印花时,添加0.5%~1.5%硫酸铵,有利于结膜,提高遮盖力。

④黑涂料印花时,添加少量醋酸,有利于渗透与结膜。

2. 活性染料印花工艺的制订

活性染料直接印花色谱齐全、色泽鲜艳、工艺简单、牢度较好、成本较低。但用于中深色时易造成白地沾色,耐氯漂牢度较差,常用于纤维素纤维中浅色印花。

(1)印花色浆组成及作用。

活性染料(%)	<1	1~3	3~5	>5
尿素(%)	3	5	8	10
防染盐S(%)	1	1	1	1
碳酸氢钠(%)	2	3	4	5
8%海藻酸钠糊(%)	50	50	50	50

尿素主要起助溶、吸湿、膨化等作用;防染盐S能增强活性染料对还原性物质的抵抗能力;小苏打是活性染料一相法印花常用的固色剂,对于反应性较差的染料可加入适当量的纯碱辅助固色。

(2)活性染料印花工艺流程。半制品→印花→烘干(100℃左右)→汽蒸(100~102℃,7~8min)→冷流水冲洗→热水洗(80℃左右)→皂洗(洗衣粉3g/L,95~100℃,2~3min)→热水洗(60~80℃,5min)→冷水洗→烘干

(3)工艺说明。

①化料温度依据染料的稳定性,一般KN型<70℃,K型不超过90℃。

②KN型活性染料不宜加尿素或应少加尿素,否则易使染料失活,同时也不宜用纯碱,因纯碱会导致色浆稳定性下降。

③氨基蒽醌类染料(如艳蓝BR)应尽量减少防染盐S用量,以免造成色变。

④印制中深色时,应选择亲和力小、染—纤键稳定性好的活性染料,这样便于后处理,能减少白地沾色。

(二)手指样仿色技巧

(1)审样后选择染料,按一定的比例(可参考三原色拼色宝塔图)开印花小样处方,按化料顺序调制好印花色浆待用。

(2)沿纬向裁取待印花白布,宽度10cm左右,沿纬向对折(5cm左右)待用。

(3)左手手掌向上,把双层待印花白布夹于中指上。

（4）用玻璃棒沾取少量色浆，把色浆点在待印花白布上，尽量圆润而均匀，并恰好位于中指关节突起处。

（5）左手手指夹紧待印花的白布，右手拿起玻璃棒，与左手中指成"＋"状，并对准色浆点，沿手指方向用力均匀刮涂，形成一个深浅层次分明的手指样。

（6）把打好的手指样烘干、焙烘、后处理，取手指样中间位置对色光。

（7）色光按标准样调整，调整色光后再次按前面所讲方法刮涂，第一次手指样和第二次，第三次的手指样平行排列，可以比较色光调整的方向和程度。

（8）印花仿色样和标准样色差达到4级以上，仿色成功，开出印花小样处方。

三、技能训练项目

（一）涂料直接印花仿色

1. 任务

用手指样打样法仿制若干只涂料直接印花小样，色谱包括鲜艳色、中性色等，掌握审样、染料选择、工艺制订、色浆调制、印制、色光调整等方面的操作要点。

2. 要求

（1）分小组调制涂料印花单色浆，按浓度由浅到深排列，刮印涂料印花手指单色样。

（2）单色样由浅到深贴整齐，熟悉涂料印花单色样的色光，学会仿色样涂料选择。

（3）每人完成5～6只涵盖各种色调、深暗浅艳兼顾的涂料直接印花仿色任务，色泽均匀，色差≥4级。

3. 操作程序

（1）基础白浆的调制（以2%合成增稠剂1kg为例）。

量取0.98kg（即980mL）蒸馏水，称取增稠剂20g，边搅拌边加入蒸馏水中，继续搅拌20min，直到增稠剂膨化成均一、稳定的白浆为止。

（2）涂料印花单色样的制作。

①选择常见印花涂料品种：A503黑、A301蓝、A811大红、A204金黄、A206绿。

②涂料单色样含量设定为：0.5%、1%、2%、4%、6%、8%。

③每小组调制一只染料各种浓度单色样，每个团队完成一组单色样，并交换贴样。

④单色色浆的调制（以大红色50g浆为例）。

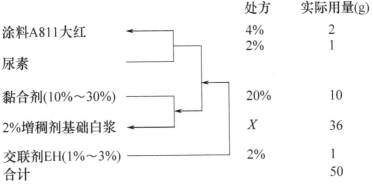

	处方	实际用量（g）
涂料A811大红	4%	2
	2%	1
尿素		
黏合剂（10%～30%）	20%	10
2%增稠剂基础白浆	X	36
交联剂EH（1%～3%）	2%	1
合计		50

操作步骤:按处方计算各染化助剂的实际用量→取 100mL 小烧杯洗净,天平归零→在小烧杯中称取基础白浆→在基础白浆中称入黏合剂→在基础白浆称入涂料→搅拌均匀→临用前加入交联剂→待用。

⑤准备好待印白布,按要求刮涂手指样。

⑥按工艺要求将印花手指样烘干、焙烘等,贴样。

(3)涂料印花拼色样的调制(以土黄色 50g 浆为例)。

	处方	实际用量(g)
A204 金黄	5%	2.5
A811 大红	1.2%	0.6
A503 黑	0.4%	0.2
尿素	2%	1
黏合剂	30%	15
交联剂 EH	2%	1
基础白浆	X	29.7
合计		50

操作步骤:同单色色浆的调制。

4. 操作技巧

(1)先称基础白浆和黏合剂等,再在称好的白浆里滴入涂料,不同的涂料分别滴称到基础白浆的不同点处,防止多称。

(2)如果色光太浅,可以继续加入涂料;如果太深需要稀释可加入基础白浆。

(3)标样颜色很浅,直接称涂料较难称准,可配制母液吸入。

(4)色泽太亮时直接加入黑色涂料,比较直观。一般不用蓝色涂料来调暗。

(5)仿色样和标样色差较大时一般采用手指样,色差较小时改用网框刮印色块样。

5. 注意事项

(1)若采用自交联型黏合剂,可不加交联剂。

(2)如织物较薄,防止渗化,可不加尿素。

(3)色浆中不宜直接掺水,否则易破乳造成渗化,影响印制效果。

(4)印后色浆不能直接倒入下水道,容易堵塞管道,需收集剩浆,集中处理。

(二)活性染料直接印花仿色

1. 任务

用手指样打样法仿制若干只活性染料直接印花小样,色谱包括鲜艳色、中性色等,掌握审样、染料选择、工艺制订、色浆调制、印制、色光调整等方面的操作要点。

2. 要求

同涂料直接印花仿色。

3. 操作步骤

(1)8% 海藻酸钠糊的调制(以 1kg 为例)。

①计算配置1kg海藻酸钠浆所需固体海藻酸钠的质量。

②量取0.92kg(即920mL)蒸馏水,并加热到80℃;称取固体海藻酸钠原糊80g,分多次撒入热水中,边撒边搅拌,撒完继续搅拌30min,直到海藻酸钠糊无明显颗粒,形成均一、半透明的糊状即可。

(2)常用活性染料单色样的制作。

①常见活性印花染料有:K-2BP 红、K-BR 元、K-GR 蓝、K-RN 黄、K-GL 翠蓝、KN-R 艳蓝、K-4G 黄、K-6G 黄、K-2G 红等。

②活性染料单色样的含量分别为:0.5%、1%、2%、3%、4%、5%。

③每小组调制一只染料各种浓度单色样,每个团队完成一组单色样,并交换贴样。

④活性染料单色样色浆调制(以活性K-2BP 红50g浆为例)。

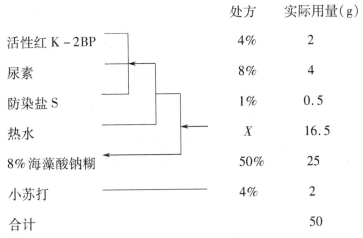

	处方	实际用量(g)
活性红 K-2BP	4%	2
尿素	8%	4
防染盐 S	1%	0.5
热水	X	16.5
8%海藻酸钠糊	50%	25
小苏打	4%	2
合计		50

操作步骤:按处方计算各染料助剂的实际用量→取100mL烧杯分别称取活性染料、尿素、防染盐S→加入温水充分溶解染料和助剂→冷却待用→将冷却后的染液加入已称好的8%海藻酸钠糊中→加入小苏打搅拌均匀后待用。

⑤准备好待印白布,按要求刮涂手指样,烘干。

⑥将烘干后手指样用衬布包好,放在蒸箱中汽蒸7~8min,再经冷流水冲洗、皂洗、热水洗、冷水洗和熨干。

(3)常用活性染料拼色样的制作(以棕黄色50g浆为例)。

	处方	实际用量(g)
活性染料黄 K-RN	2%	1.0
活性染料红 K-2BP	0.4%	0.2
活性染料蓝 K-GR	0.08%	0.04
尿素	5%	2.5
防染盐 S	1%	0.5
热水	X	19.26
小苏打	3%	1.5

8%海藻酸钠糊	50%	25
合计		50

化料顺序和调浆方法按印花单色样的打样方法。

4.操作技巧

(1)称取活性染料时,由少到多依次称取,防止过量导致重称浪费及污染。

(2)三原色中,主色染料用量较多时,可称取固体粉末染料,辅色用量较少时,可配制母液吸入,保证称料准确,提高重现性。

(3)如标样颜色很浅,可直接吸取母液加到8%海藻酸钠糊里,防染盐S只需用少量温水溶解,冷却后加到色浆中,最后加入小苏打,搅拌均匀,充分溶解即可。

(4)如色浆太稀,可多加8%海藻酸钠糊,控制水的用量,色浆总重保持不变即可。

5.注意事项

(1)色浆不能太稀,否则容易渗化。

(2)活性染料一定要溶解充分,否则易产生色点。

(3)8%的海藻酸钠一定要搅拌均匀,充分溶解,否则色浆会产生浆块,导致得色不匀,产生色花。

(4)色浆一定要充分冷却后加小苏打,否则会导致小苏打分解,得色量较低。

(5)冷流水冲洗要充分,以免沾污白地。

(6)印后织物汽蒸时的蒸汽压力要保证,防止产生水渍。

四、问题与思考

1.影响涂料印花色牢度和手感的因素有哪些?

2.选择印花用活性染料的依据是什么? 如何减少白底沾污?

3.分析碱剂的用量对色浆稳定性及印花效果的影响?

项目八　计算机配色

一、任务书

单元任务	1. 配色基础资料准备与检验 2. 计算机辅助配色与打样	参考学时	12～15
学习目标	1. 学会制备配色基础资料,并检验已染制基础资料的准确性 2. 熟悉计算机配色的特点、基本原理及其应用方法 3. 借助于电脑测色配色仪配色打样		
基本要求	1. 每个团队选择一组经目测基本符合要求的活性染料浸染单色样,通过测色将基础数据输入电脑,然后检查反射率曲线、浓度与 lg K/S 曲线,判断其准确性 2. 每人选择1只标样,先通过目测凭经验开具处方,然后再由电脑测色配色仪辅助预告处方,分别打样,比较色差等 3. 以团队为单位,组长负责组织讨论、分析影响电脑配色成功率的因素,并推荐一人汇报 4. 输入基础资料、模拟配色等在教师指导下每位学生进行体验与实践		
方法工具	实验教学:水浴锅、电子天平、烘箱、电脑测配色仪 计算机辅助教学:多媒体教室、测配色软件、课件		
参考文献	董振礼. 测色及电子计算机配色[M]. 北京:中国纺织出版社,2008.		
提交成果	人工配色、模拟电脑配色首次处方、调整处方及测试分析报告		
主要考核点	1. 电脑测色配色仪操作的规范性 2. 讨论的参与度、分析的全面性 3. 人工配色打样的一次成功率		
评价方法	仪器操作:过程评价 测试报告:评价人工配色打样与电脑配色打样的色差与效率 分析报告:评价"电脑测配色准确率影响因素分析"的正确性与全面性		

二、知识要点

(一)计算机配色特点与发展历程

1. 计算机配色特点

(1)传统的人工配色过程。来样分析→资料查询检索→打小样→确认→放大样→生产。一般是凭经验先估算染色处方,再在化验室进行小样试验,经人工目测比色调色光,最终确定染色处方。这种方法系经验性操作,打样的成功率取决于操作人员的经验,且较费时,不适应目前小批量、多品种的生产要求。

(2)计算机测色与配色过程。来样分析→计算机测色→资料查询检索→计算机颜色匹配→提供建议处方→自动配液→小样试染→确认→放大样→生产。

可见,计算机配色最大的优点是不需进行繁复的人工检索,由于处方是由测色仪将颜色定量测试并经计算机模拟计算后得出,因此具有快速、准确等优点。随着计算机网络技术的推广应用,纺织品颜色由数据经网络传输进行测量、确认以至在网上完成纺织品贸易的全过程,在技术上已经成为可能,相信在不远的将来可以成为现实。

2. 计算机测色配色发展历程

(1)20世纪30年代(奠基阶段)。CIE三刺激值表色系统的确立为色度学的进步奠定了理论基础。理论上以Kubelka - Munk提出的不透明物质对光线的吸收散射理论为代表,测色仪器则以哈代自动记录式反射率分光光度计为代表。

(2)20世纪40年代(萌芽阶段)。美国氰胺公司Park和Steams提出了染料吸收光谱的线形叠加理论,并提出了拼染染料的浓度求解公式。

(3)20世纪50年代(初级阶段)。出现了模拟专用配色计算机(COMIC),处方计算速度为每个处方15min。

(4)20世纪60年代(兴起阶段)。数字计算机配色系统的出现成为计算机配色的一大里程碑。日本的住友公司、英国I.C.I公司、美国氰胺公司相继推出了各自的产品,形成了计算机测色配色的一股热潮。

(5)20世纪70年代(低潮阶段)。由于对计算机测色配色的期望值过高,希望预计的处方个个命中,无须进行小样试染,同时也因计算机的运算速度慢、容量小及测色配色软件等方面的限制,难以达到预期的效果,因此一度认为计算机测色配色没有实用意义。

(6)20世纪80年代(中兴阶段)。由于纺织品贸易出现了小批量、多品种、交货快的特点,同时随着人们对计算机测色配色期望值的合理化调整,计算机性能、测色配色软件的日渐完善,以及测色仪器精度的提高,计算机测色配色的应用再次回升。

目前,计算机测色配色已大量进入商业化应用领域,成为现代化印染企业的常用仪器之一。如用计算机进行色差仲裁、辅助配色、实现在线监控、数字化生产、远程贸易等。随着网络技术的推广,计算机测色配色结果完全可以通过网络将数据传输到世界上任何地方,染色机台的染料在线数字监控补给技术也已经商业化,实现数字化印染生产已经是指日可待。

(二)计算机配色原理

1. 计算机配色方法

(1)色号归档检索。基本思路与人工配色相同。即将以往生产的品种按色度值分类编号,并将染料处方、工艺条件等一起汇编成文件后,存入计算机内。需要时,将标样的颜色测定后输入计算机或直接输入代码,将色差小于某值的所有处方全部输出。

色号归档检索的优点是可避免试样保存时间太长而变褪色、检索全面。不足的是只能提供近似处方,仍需经验调整。

(2)光谱匹配。对染色纺织品来说,最终决定其颜色的是反射光谱,因此只要测定待配试样可见光范围内标样的反射光谱,并由计算机进行同材料的颜色匹配计算,便可得出建议处方。

反射光谱匹配的特点是只有在标样与染样的颜色相同、材料相同的条件下才能匹配,是非常理想的配色,但实际应用中较难做到完全匹配。

(3)三刺激值匹配。三刺激值匹配的结果在反射光谱上与标样不一定完全相同,但三刺激值相等,仍可得到等色,所以三刺激值匹配最有实用意义。

2. 计算机配色基本光学原理

照明光投射于不透明的纺织品时,除少量表面反射外,大部分光线进入纤维内部,发生吸收和散射,当纺织品上存在染料等有色物时,则发生选择性吸收,导致纺织品呈各种颜色,染料数量越多,吸收越强烈,反射出来的光线愈少。因而在染料浓度和纺织品反射率之间必存在某种关系。实验证明,反射率与染料浓度之间的关系比较复杂,不成简单的比例。但出现另一过渡函数可以在某些条件下与染料浓度成正比,即 Kubelka – munk(库贝尔卡-芒克)函数:

$$(K/S) = \frac{(1 - 2R_\lambda)^2}{2R_\lambda} \qquad (8-1)$$

式中:R——反射率;

$\quad\lambda$——波长;

$\quad K$——被测物吸收系数(单元厚度的吸光率);

$\quad S$——被测物散射系数(单元厚度的漫反射率);

K/S——表面深度或色深值。指不透明固体物质的颜色给予人的直观深度感觉。

对于染色的纺织材料而言,染料分子的相对数量很少,故可以认为散射作用全由纺织材料所致(染料的散射可以忽略),即 S 与染料浓度无关。一般情况下不单独计算 K 与 S 值,而是用 K/S 值表示。这时可得:

$$(K/S)_\lambda = \Phi_\lambda C \qquad (8-2)$$

式中:Φ_λ——比例常数;

$\quad C$——染料浓度。

可见,$(K/S)_\lambda$ 与 C 呈线性关系。Φ_λ 实际为单位浓度时染色纺织品的 K/S 值,在减去纺织材料本身相应的 K/S 值后,代表了染料在染色物上的光学特性,即:

$$(K/S)_\lambda = \left[(K/S)_\lambda\right]_W + \left[(K/S)_\lambda\right]_D \qquad (8-3)$$

式中:$\left[(K/S)_\lambda\right]_W$——纺织材料的光学特性;

$\quad\left[(K/S)_\lambda\right]_D$——纺织材料上染料的光学特性。

应该强调的是,$(K/S)_\lambda$ 对单一波长成立,故测定时分光光度计的谱带不宜过宽,否则误差很大。且随着浓度 C 的提高,Φ_λ 不一定维持常数,有可能偏离线形。使用时,测定纺织材料的反射率 R_λ 并由式(8-1)$(K/S)_\lambda$ 值,再由式(8-2)K/S 与 C 的关系,建立 R 与 C 之间的相互关系,从而为仪器测色配色建立了理论基础。

此法的缺陷是当染料浓度上升时,K/S 值与浓度不一定成正比,即 Φ 值不能保持常数。因而会影响计算精度。改善的方法是在制备基准染色物时,不用单一浓度,而是在适当的浓度范围内分几档浓度染色,求得平均 ϕ 值。

K/S 常常用于比较染色试样的表面深度以及测定染料的强度。K/S 值越大,表示染色织物的颜色越深。K/S 值的影响因素主要有:有色物质含量的多少;有色物质的物理状态;织物本身的光学性质;织物的表面结构等。

3. 三刺激值匹配法

美国、英国、日本不少学者都提出了不同的方法,但都大同小异。目前推荐使用较多的是美国氰胺公司 E. Allen 的方法,主要用矩阵运算来进行匹配计算,按其具体原理可以分为两步:

(1)用反射光谱法计算出初步浓度 C_1;

(2)按图 8 – 1 程序求算推荐浓度。

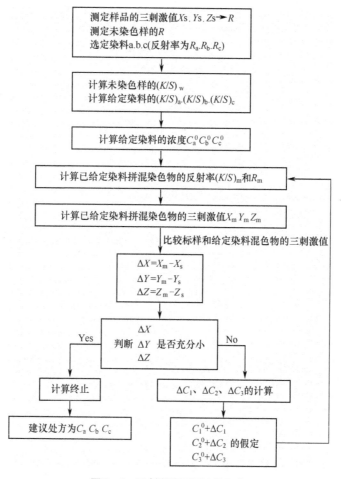

图 8 – 1 三刺激值匹配流程示意

(三)计算机测配色一般程序

配色系统主要包括硬件和软件两个部分。硬件由分光光度计、电脑主机、存储设备、输入、输出装置等组成。软件包括测色程序、基础数据输入及管理、预告处方、校正程序、色彩控制、档案维护等部分。

计算机配色一般程序为:基础资料制备→数据库建立→计算机测色→资料查询检索→计算机颜色匹配→提供建议处方→自动配液→小样试验→确认→放大样→生产实施。具体流程详见图 8 - 2。

(四)基础资料的制备与检验

1. 基础色样的制备

基础色样是计算机配色的基础标准,必须十分重视基础色样的制备,否则影响计算机配色的正确性。具体实施时要注意:

(1)由专人负责、使用专用仪器设备染制小样,并且要在连续的一段时间内完成,必要时应重复制作 2~3 次,以减少误差。

(2)染制小样用染料和助剂的质量应稳定,染料选择的基本原则是"种数尽量少、配色范围较广",同时还应考虑相容性、匀染性、染色牢度等。

(3)注意选用生产量大的、具有代表性的纤维材料(包括组织与规格等)染制小样。

(4)根据染料具体情况确定染色浓度的档次,一般在实际使用范围内选择 6~12 档,浓度范围在 0.01%~5% 之间。

(5)小样制作工艺与大样生产工艺应尽量一致,做到精细操作,保证染色重现性。

(6)基础色样应采用同一台测色仪多点测定,然后求取平均值。

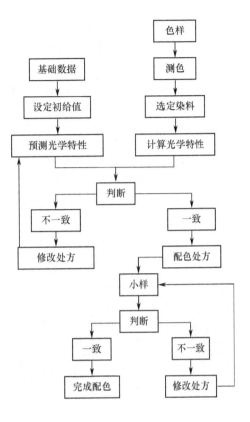

图 8 - 2 计算机测配色流程示意

2. 基础资料的输入

(1)预选染料及编号。给所选择的染料分门别类编号。

(2)染料的力份与价格。染料编号后将其力份、单价、生产厂家等输入计算机。

(3)选择参与配色的染料种类及数量。要想对任意标准样都能用计算机配色,染料的选择很重要。原则上选择三原色,但也应考虑色光、成本等,建议采用大红、蓝光红、黄光红、橙、绿光黄、红光黄、红光蓝、紫、绿、黑等。若同一应用类别的染料数目越多、每个配方的染料数目越多,将会影响计算机配色的效率。

(4)计算机配方的允差范围。即计算配方色与标准色样的允许色差范围。它是用来决定计算机所用的配方浓度是否符合要求,若符合要求,此配方便可作为配色打样参考,否则,继续修正配方浓度直至符合要求为止。

(5)空白染色织物的反射率值。将所要染色的织物经空白染色处理(即不加染料,只用助剂,按同样的浴比,以相同的染色条件进行处理),利用分光光度计测定其反射率值,输入计算机,再由计算机内的程序将反射率值换算成 K/S 值。

(6)基础色样的染料浓度和分光反射率值。用分光光度计分类测定反射率值,输入计算机,再由计算机程序换算成 K/S 值。

3. 基础数据的验证

基础色样测色数据保存于计算机后,可通过软件自动换算成 K/S 值,与空白染色织物的 K/S 值一起利用 $K/S = \phi C$ 求得染料单位浓度下的 K/S 值,即 ϕ 值。如基础小样制作不正确,其分光反射率及所求得的 K/S 值也就不正确,结果影响计算机配色的正确性。因此,基础色样制作后需要分析其正确性,对异常的色样则需进行修正或重新制作。常用下列方法。

(1) $R\%$—λ 曲线验证法。以分光反射率 $R\%$ 对波长 λ 作曲线(如图 8 – 3 所示),察看每个染料在不同浓度下分光反射率曲线的排列,一般每个浓度的分光反射率曲线应呈有规则的平行分布。若某曲线有部分不规则现象,如低浓度与高浓度的分光反射率曲线相互交错,应将该浓度的色样重新制作。

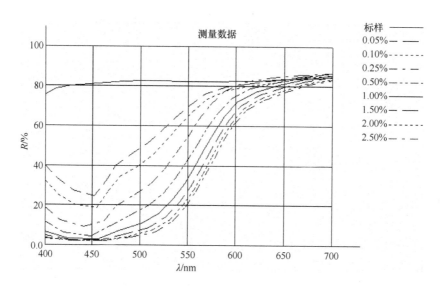

图 8 – 3 $R\%$ 对 λ 曲线

(2) $\lg(K/S)$ – $\lg C$ 曲线验证法。根据 $K/S = \phi_\lambda C$,低浓度时,ϕ_λ 值固定,$\lg(K/S)$ 与 $\lg C$ 为直线关系;浓度高时,直线会慢慢下垂,直到染料对纤维达到饱和值时,K/S 不再因 C 而变化,详见图 8 – 4。所以,在 $\lg(K/S)\lg C$ 曲线上很容易发现异常色样,并将异常色样加以修正,再将修正后的浓度输入计算机。

(3) 各基础色样反配。利用各浓度基础色样原反射率值,由计算机反算其浓度分配,计算机算出的浓度配方应与建立基础资料时存入计算机的浓度相同,若误差在 2% ~3% 内时,其基础资料可视为正确;若误差超出此限制时,原则上以重新建立此基础色样为宜。

经上述方法分析,如符合要求,制作的基础小样的正确性则基本可以确认。

(五) 测色与预告配方

要使电脑配色准确,首先是标样颜色要测得准确。所以对于稀薄的标样,测色时应多折叠,勿露底色。对于微小的标样,应采用框罩等特殊方法。

预告配方时可以由人工选定参与配方计算的染料种类,也可由计算机自动选择合理的染料进行匹配,后者应用更为普遍和更具实用价值。在计算机自动选择染料时,如果将所有染料随

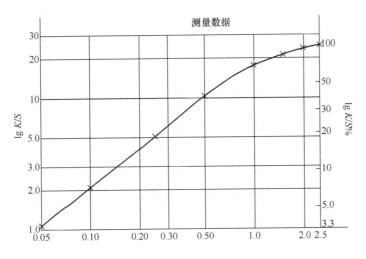

图 8 - 4　lg(K/S) 对 lgC 曲线

意搭配,显然是不合理的。因此,需要对各种染料进行合理的分类以减少可选的组合数。

预告处方的个数依据配色染料组的大小,理论上可按组合数计算,如 10 只染料三拼色为 $C10^3 = 120$。

(六)选择配方

选择配方时应考虑染料的相容性、匀染性、染色牢度、成本以及条件等因素,还需结合实际配色经验等,对满足条件的处方加以分析,然后进行优选。

(七)小样试验,修正配方

处方选定以后,需通过打小样以确认能否实际达到与标样等色。小样试验结果经测色,如果色差不符合要求,则调用修正程序进行校正计算,得到修正处方。按修正处方重新染色,若染色样的色差在可接受的范围内,则完成配色。反之应重新修正,直到符合要求为止。

三、技能训练项目

(一)配色基础资料准备与检验

1. 任务

将项目一染制的单色样通过测色输入电脑测配色系统,检验单色样基础数据的正确性,建立可供模拟配色的基础数据库。

2. 要求

(1)每小组负责一组染料的单色样输入工作。

(2)在测色配色模拟系统上,独立操作输入单色样基础数据。

(3)检验输入的基础数据,对不符合要求的单色样重新制样输入。

3. 操作程序

(1)准备工作。打开配色系统主界面→校正仪器→点"染色组"→依次对单色样由浅到深测色→建立配色基础数据库(详见"配色系统操作规程")。

（2）验证配色基础数据。观察单色样染色组的反射率曲线（$R\%$）规律，对不符合要求的单色样重新打样输入。

4.注意事项

（1）单色样制作一定要规范准确，所有的耗材（织物、助剂）都必须是同一批次。

（2）单色样布面染色不匀，应重新打样，否则影响配色处方的准确性。

（3）单色样录入时一定要由浅到深，否则单色样录入无效。

（二）计算机辅助配色与打样

1.任务

任选 1~2 个色样作为标样，分别采用人工经验配色和计算机辅助配色方法仿色，并对仿色结果进行电脑测色评价，比较两种方法的配色效率。

2.要求

（1）独立操作配色系统开具处方、优选建议处方，独立操作自动滴液系统配制染液。

（2）比较人工经验配色和计算机辅助配色的仿色结果，分析色差产生的原因，总结提升仿色水平。

3.操作程序

（1）准备工作：打开配色系统主界面→校正仪器→点"配方"。

（2）配色：测标准样→配色计算（详见"配色系统操作规程"）。

（3）分析预告配方（配方群），综合各因素选择跳灯指数较小的配方。

（4）用全自动滴液系统配置染液（详见"染液自动计量系统操作规程"）。

（5）同时审核标样，用经验法开具处方，手工吸料法配制染液。

（6）分别用人工配色和电脑配色的处方在同等条件下打样，分析比较两种方法的仿色结果。

4.注意事项

（1）选择配伍性好的三原色仿色，有利于提高染色重现性。

（2）如选择多只染料进行配色，选配方时不能只选同色异谱小的配方仿色，也要考虑拼色规律、配伍性等其他因素，保证配方合理，可操作性强。

（3）如标准样颜色较浅，单色样的浓度又不够低，配色处方准确性可能差异较大，其参考意义不大。

四、问题与思考

1.分析影响电脑测配色的因素有哪些？

2.为保证电脑测配色基本资料的准确性，应注意哪些问题？

项目九　放样与修色

一、放样基础知识

(一)放样程序

印染生产流程长,管理要求高,就染色而言,生产过程及管理流程详见图9-1。

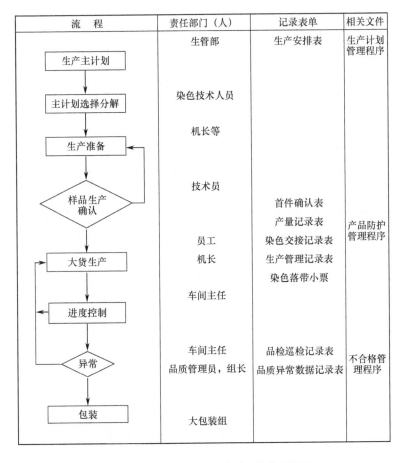

流　程	责任部门(人)	记录表单	相关文件
生产主计划	生管部	生产安排表	生产计划管理程序
主计划选择分解	染色技术人员		
生产准备	机长等		
样品生产确认	技术员	首件确认表 产量记录表	产品防护管理程序
大货生产	员工 机长	染色交接记录表 生产管理记录表 染色落带小票	
进度控制	车间主任		
异常	车间主任 品质管理员,组长	品检巡检记录表 品质异常数据记录表	不合格管理程序
包装	大包装组		

图9-1　印染企业染色生产过程及管理流程

染色小样经客户确认后即可按订单生产。但大小样存在着差异,所以在大货生产前要进行复样、放样等,主要程序与要求如下。

1. 放样准备

(1)根据订单数量准备坯布,组织前处理加工,确保半制品数量与质量满足要求。

(2)依据客户确认的小样处方与工艺,以大货生产用半制品、染料、助剂等进行复样、审核,并将标样、"复样"与半制品同时贴在放样(生产)处方卡上。

（3）将准备放大样的复样处方转换成大样处方,领料、化料,同时确保染料、助剂的数量充足,质量稳定。

（4）组织放样人员进行必要的培训指导,熟悉订单生产要求、染色工艺及相关注意事项等。

（5）检查放样设备,并进行必要的试车和维护保养。

2. 样品试生产

（1）根据放样工艺进行样品的试生产,将样品和确认卡上的颜色进行对比。

（2）分析色样偏差的原因,依据具体情况调整配方(或工艺)。

（3）按调整配方(或工艺)继续放样,重复上述步骤直到颜色合格为止。

企业一般将染色机容量少于20kg的小型染缸称为板缸。板缸的作用一是进行小批量生产,二是在大生产前进行先锋试样,三是用来放样。板缸染色质量是客户做大货的基础,板缸染色工艺是大生产工艺的模板,板缸能耗是大货生产能耗的预测,所以做好板缸生产与管理可以提高放样效益。

3. 大货生产

（1）机长依据放样处方与工艺进行大货生产,成品交技术人员再次核对,无问题继续生产,若颜色出现偏差进行微调。

（2）机长和品质检验员在大货生产过程中要经常核对颜色,同时技术员、跟单员也要一直跟进,记录处方调整过程,并保留实样(参考表9-1)。

（3）每道工序做好互检工作,即后道工序必须对前道工序的生产情况进行检验,当发现异常情况及时向上一级报告处理。

表9-1 染色配方卡

业务员 _____

加工单位:		客户来样	化验室确认样
品名规格:			
色号:			
克重(g/m²):			
程式:			
对色光源:		定型后取样	现场染色取样
客户确认:			
现场染色取样	现场染色取样	现场染色取样	现场染色取样

配方代码	配方名称	使用量		追加Ⅰ	追加Ⅱ	追加Ⅲ	
		(%)或(g/L)					

打样员: 工艺科: 日期:

(二)放样处方计算

1. 活性染料浸染大小样处方的转换

(1)小样处方(黄棕)。

M-3RE 黄(owf)	1.2%
M-3BE 红(owf)	0.4%
M-2GE 蓝(owf)	0.2%
食盐(g/L)	20
纯碱(g/L)	10
浴比	1:50

(2)大样用量计算。

如需要生产500kg的纯棉针织物,溢流染色机浴比1:10,按小样处方计算车间染缸所需的染料和助剂用量如下。

染料用量:M-3RE 黄 $\quad 1.2\% \times 1000 \times 500 = 6000(g) = 6kg$

M-3BE 红 $\quad 0.4\% \times 1000 \times 500 = 2000(g) = 2kg$

M-2GE 蓝 $\quad 0.2\% \times 1000 \times 500 = 1000(g) = 1kg$

染液体积:$500 \times 10 = 5000(L)$

助剂用量:食盐 $\quad 20g/L \times 5000L = 100000g = 100kg$

纯碱 $\quad 10g/L \times 5000L = 50000g = 50kg$

2. 活性染料轧染大小样处方的转换

(1)小样处方(草绿)。

轧染液:		
	M-3RE 黄	10g/L
	M-3BE 红	5g/L
	M-2GE 蓝	4.5g/L
	尿素	20g/L
	防染盐 S	5g/L

固色液：	食盐	200g/L
	纯碱	30g/L
	30%烧碱	5g/L

（2）大样用量计算。

如某印染企业轧染车染液化料桶400L,固色液化料桶500L,分别化一桶染料和固色液所需固体染料和助剂的用量如下。

染料用量：

M－3RE 黄	10g/L×400L＝4000g＝4kg
M－3BE 红	5g/L×400L＝2000g＝2kg
M－2GE 蓝	4.5g/L×400L＝1800g＝1.8kg
尿素	20g/L×400L＝8000g＝8kg
防染盐S	5g/L×400L＝2000g＝2kg

固色液用量：

食盐	200g/L×500L＝100000g＝100kg
纯碱	30g/L×500L＝15000g＝15kg
30%烧碱	5g/L×500L＝2500g＝2.5kg

二、提高大样与小样符样率的措施

配色打样包括客户来样到小样（有时需到大样）被确认的全过程,它是生产前期最实质性的准备工作。最理想的是染样色泽深浅、色光、染色牢度、均匀性等均满足客户要求,且重现性好,大小样符样率高,达到一次准染色。但实际上复样或放样要达到一次成功是很困难的,它受到诸多因素的影响,所以了解影响大小样符样率的因素,有效控制大小样的工艺,是减少大小样色差,提高放样效率,实现染色一次成功的关键。

（一）影响符样率的因素

1.大小样工艺方法与设备不同

一般大样生产自动化程度较高,连续性好,而小样由于受企业试化验条件的限制,多为间歇式,有的甚至是手工操作,所以导致织物在浸（渍）轧、烘干、汽蒸、焙烘、水洗等操作上的差异,如冷堆染色,小样不可能像大生产那样堆置数小时或更长时间,通常采用微波炉法或烘箱法。又如连续轧染汽蒸,当试化验室没有条件时,通常采用薄膜法。这些都不可避免会导致大小样的差异,给放样试生产工作带来许多麻烦。

2.大小样工艺条件控制不一致

由于设备原因,要做到实验室的试验染色条件与现场的染色条件完全吻合是有一定难度的,但有必要努力使其保持一致,模拟大生产工艺打样。而打样仪器设备的自动化程度、操作人员的业务素质、生产管理的精细程度等都会导致工艺执行的精准度、规范性有差异。如浸渍时间、升温速率、保温时间、水洗后处理等。另外,大小样的浴比也会有差异,一般手工打样时,小样浴比较大,大生产浴比偏小。即使是大生产,也会受被染物的数量的影响而导致染色浴比的差异。浴比存在差异,会影响染料与纤维的平衡浓度,造成各染料上染率不同,从而产生拼色色差和缸差,直接影响大小样的符样率。

3. 大小样染化料助剂的计量与加料方法有差异

一般试化验室打小样时,染化料助剂的计量较精确,化验室打样秤料多为精度较高的电子天平,有条件的企业还采用自动称料与滴液系统,而车间多用电子秤(甚至磅秤),称量误差较大,不可避免会导致复样率低。另外,大小样加料方式也不完全相同,尤其是中途加料,小样一般用的是固体,大生产通常经预溶。

4. 染料、助剂的质量与稳定性

染料可能因生产厂家、批号、力份等不同,会导致稳定性、固色率、色光等差异,助剂也存在着批次间浓度和含杂程度的差异,这些都将会造成染色色泽的不准确、色光的不稳定。

5. 染色用水的质量与稳定性

有的企业化验室打样与生产现场用水不一致,打小样用软水,而生产用水出于成本和设施等原因,直接用自来水、地表水和深井水。这几种生产用水的硬度一般不稳定,若未经严格处理会影响产品质量。水质硬度偏高,染色时容易使染料和助剂产生沉淀,造成染色不匀及色泽鲜艳度和牢度下降。还会使肥皂生成不溶性的钙镁皂,沉淀在织物上形成斑渍沾污,影响织物手感和光泽。有些助剂对水质影响较大,如染色时使用大量食盐、纯碱,其纯度太低的话会影响水的硬度。

6. 半制品的质量与稳定性

若染色用织物原料组分不同,产地不同,组织规格不同,染色结果可能出现较大的差异。即使原料组分、产地与规格相同,也会由于前处理时间、温度、助剂用量等控制不严格,以及设备、环境等客观因素,导致毛效、白度、布面 pH 值的差异,从而影响染色色光。

7. 实际工艺条件与控制工艺条件存在差异

由于受设备自动化程度、电子元器件质量、使用环境温湿度等因素的影响,往往实际工艺条件与控制工艺条件之间存在一定的差异,如染色温度、时间、pH 值等,不可避免的导致染色重现性差,大小样符样率低。这种现象在打小样和大生产中均会发生。

8. 打样人员的业务水平与放样人员的经验积累

打样人员的专业技能水平高,经验丰富,出样准确性就好,复样成功率也高。但无论打样人员技能有多高超,大生产工艺控制有多严密,大小样之间必然存在色差,因为染料的上染不是简单的倍增关系,染液是一个复杂的体系,染色过程受诸多因素的影响。所以放样人员应了解每位打样人员、每台设备、每个品种的特点,掌握化验室小样与大生产样之间的规律,根据具体情况和生产实践经验测算出调整系数,然后做出适当的调整。

(二)提高大小样符样率的措施

1. 依据大生产工艺合理制订小样工艺

打样人员因了解该色样大生产工艺与设备,尽量模拟大生产工艺方法打样,通过合理选用设备,科学设计,保证大小样工艺曲线的一致性,染色浴比与 pH 值的同一性,织物运行模式的相似性。并确保工艺执行的方便性,工艺实施的稳定性,工艺控制的保险性。

2. 小样操作与大生产要一致

包括化料、加料、浸轧、染液循环、汽蒸、水洗、烘干等,尽可能与大生产一致。如化料要均匀,尤其是筒子纱染色,若未化开,染料粒子吸附在筒子纱表面,不仅影响染料的上染和色牢度,而且直接影响大样的符样率。化料温度也应基本一致,若温度过高,时间过长,部分染料会发生水解,造成色浅,色光不符,影响一次符样率。又如轧染打样时,应根据染料亲和力大小,参考大生产初开车时操作,对染液进行对水冲淡。小样织物尽量采用烘箱热风烘干,一般熨斗熨干的织物颜色样较浅、较蓝、较亮,在烘箱内烘干的颜色样则略深、较暗、略欠黄光。再如,没有轧染汽蒸设备时,打小样可采用薄膜汽蒸法,即将需汽蒸的织物密封于一定规格(一般厚度以0.7mm为宜)的薄膜中,放在烘箱中于 $130 \sim 150℃$(根据染料性能确定)处理 $1 \sim 3min$。

3. 采用同批次织物、染料、助剂

要保证染色工艺稳定,除了染色设备与工艺配方稳定外,原材料性能应稳定。所以打样用织物原则上应与日后大生产用织物一致,能采用刚经大生产前处理的织物最好,确保大小样染色半制品前处理毛效、白度等一致。

染料和助剂应坚持同一批产品使用同一产地、同一批次、同一色光和浓度的原则,并按批次需用量备足。同时还应注意选用稳定性好、重现性好、性能优良、有利于大生产的染料和助剂。尤其是染料的配伍性,对染色效果影响尤为显著。因而对每批进货染料,在使用前应进行性能分析,如力份、色光、固色率、提升率,对温度、促染剂和碱剂的敏感性,对浴比的依存性等。发现有异,要分开使用,并重新试样后调整染色处方,然后进行中试、放大样及批量生产。

对助剂的选用与检测也应如此。因助剂的含固量及有效成分不一致,作用效果不同,会出现染色深度或色光的差异。助剂的纯度还会直接影响水质,当染色要求较高时,食盐不适用,宜选用纯度较高的元明粉、纯碱。如筒子纱染色对水质要求较高,一般前处理、染色、后整理全过程均采用软水,水的硬度要小于 $50mg/kg$。元明粉最好选用含量99%以上的,否则当元明粉用量大时,硬度可增加 $50mg/kg$ 左右,并使纱线半制品引入一些重金属离子和钙镁离子,这些离子会影响染色效果。所以染色过程中需添加螯合剂,对水质进行软化,以消除它们对染色的影响。从前处理到染色、皂洗等湿处理全过程,使用合乎标准要求的水质,这是达到一次准确化染色的必备条件之一。

4. 有效掌控染色温度与时间

为了减少人为操作所带来的误差,有条件的话应尽可能采用自动化程度较高的、与大生产设备相似的打样设备,如电脑测配色仪、自动滴料机、自动复样机等,努力实现生产自动化、机电一体化、网络控制等,为提高染色一次成功率奠定基础。但仍然不能忽略由于仪器设备本身与环境等因素影响,无论是打小样或放大样时,实际染色工艺条件(如温度、时间等)与检测工艺条件常常不一致,难以达到较高的符样率。所以作为打样人员或放样人员,应该了解仪器设备的性能,温度或时间等偏差范围,适时检测与调整。

5. 合理掌控染色浴比与 pH 值

染色浴比也是影响染色质量的重要参数,应根据打样条件合理确定浴比,如普通染色小样机浴比的制订应稍大些,否则不易匀染,红外线染色小样机,浴比可小些。溢流染色时一般以小

浴比为宜,小浴比得色深,但是浴比过小会影响匀染性,所以一般采用1:15。

应根据染色要求选用合适的 pH 值调节剂,优先采用缓冲剂,这样可使染色过程中 pH 值始终稳定在一定的范围,避免 pH 值的波动而影响染料的上染与固色。同时应关注染料、助剂、水、织物对染色 pH 值的影响,做好检测与防范工作。

6. 准确计量,规范并统一操作

打小样应采用高精度的电子天平,并经常校验。有条件的话,可采用自动称料滴液系统,以减少称量与配液的系统误差。大生产时,染化料助剂的称量与配液也应准确,由于称料差错而造成批内色差,是印染厂最不应犯的低级错误。所以可采用分色称料、专人复核,并按照染料分量的大小严格执行衡器使用的规定,以达到准确无误。打小样时,织物的称量也应准确,或高或低,即使色光调得再准,大生产时也会产生色泽深浅。应控制好织物的回潮率,因为它直接影响到织物的质量。尤其是纱线打样,不能以传统的绕圈数计量,应采用称重法,且称量最好精确到0.001g。不同人员的操作应规范,如打样员、复样员、工艺员、对色员等。复样工作要由专人负责,要安排打样经验丰富、出样准确性好的打样高手复样。原来打认可样的人员,不宜安排复样,安排其他人员进行复样容易发现问题,如打样方式不符、染料配伍不当、助剂使用有误、打样操作欠妥等。

7. 选择染色配伍性和工艺稳定性好的染料

因化验室打样工艺条件相对控制较为准确一致,而大生产工艺灵活性、波动性较大。要想符样率高,染色的重现性要好。重现性主要决定于染料的配伍性,如拼色染料的温型、牢度、稳定性等均应配伍。除此之外,拼色染料对工艺条件(如温度、时间、pH 值等)的依存性要小,避免因工艺参数的波动,色光出现较大的变化。

8. 加强试化验、车间的精细化管理

打样所用染化料助剂应妥善保管,合理存储,注意不要吸潮或过期,最好每天重新配制更换打样及复样的染料母液,以防止染料沉淀或被空气氧化。要优化环境,避免环境因素对实际工艺控制的影响。加强现场监控、质量跟踪,工艺上车的"三度"(温度、速度、浓度)能保持正确及前后一致。重视操作人员的规范培训,加强质量意识、低碳意识、效益意识教育,使"精准、细致、规范、严密"的精细化管理内涵落到实处。如果具备有颜色数字化管理系统(即 CCM 装置),可测定用相同配方染色的试验室小样与现场大样的结果,算出所使用的每种染料在某程度产生差异的系数。

9. 详细记录样品要求

了解客供样(原色样)的颜色,"打色通知书"的内容应全面,如对色光源、色牢度、染化料是否环保、打样数(印花和色织要注明循环问题,色织小样要附纱样,基本上化纤类染色布都是打A、B、C、D 四个样)、打样坯布规格、完成时间(染色烧杯样 3 天,印花样 10 天,色织样 10 天,特殊情况酌情解决处理)等。

三、修色技术

当染样色光、牢度等不符客户要求时,往往需要回修,以减少损失。修色是基于剥色和余色

原理。修色技术根据染料性能、染色深度及回修幅度等分为以下几类。

(一)水洗法

主要适用于中深色。一般是染色成品色光略深、浮色较多、色光深暗、牢度较差,通过水洗、皂洗,达到去除浮色,修正色光的目的。必要时,可加入合适的表面活性剂,如匀染剂、洗涤剂等。如棉及其混纺、交织物中,棉组分经直接染料或活性染料染色后,出现色泽萎暗或牢度不理想,一般可采取40℃水洗,或在水洗浴中添加0.5~1g/L防沾色清洗剂。若水质硬度偏高,可加入0.5~2g/L的螯合分散剂加以改善。若得色偏深1~2成,可采取70~80℃热水洗。

(二)轧碱(蒸)洗法

主要适用于对碱较敏感的染料,如活性染料等。通过浸(轧)碱高温蒸洗,使染料部分水解或溶落,然后套染达到修正色光的目的。

(三)还原(蒸)洗法

主要适用于对还原剂较敏感的染料。如含偶氮结构的染料、还原染料等。一般通过浸(轧)还原剂高温蒸洗,常用条件为10~20g/L保险粉、10~20g/L氢氧化钠,使染料部分还原分解(或溶解),然后套染,达到修正色光的目的。

(四)氧化(蒸)洗法

主要适用于对氧化剂较敏感的染料。如硫化染料、活性染料等。通过浸(轧)氧化剂高温蒸洗,使染料部分氧化分解(或溶解),然后套染,达到修正色光的目的。常用的氧化剂有:双氧水、次氯酸钠、重铬酸钾、过硼酸钠等。

(五)荧光增白剂修色法

主要适用于削减染物的红光,提高色泽鲜艳度。一般荧光增白剂用量为0.3~1.2g/L。如染红玉、玫瑰红、紫罗兰、雪青、天蓝和艳紫等鲜艳色时,若感觉大样不够亮丽,一般可追加0.0015%~0.0025%(owf)荧光增白剂,颜色越浅用量越少。棉纺织品以荧光增白剂4BK的效果较好,其荧光弱、艳度强、用量少、可调性好,且适应颜色广泛,不易"跳灯"。因荧光增白剂引起的"跳灯",可用不影响颜色鲜艳度的荧光沾污清除剂去除。

(六)染(颜)料套色修色法

即利用"余色原理"进行改(修)色。此法对染料选择要求高,否则易造成修色后染物色光萎暗。对用3~4种染料拼成的颜色,如米灰、瓦灰、香灰、银灰等色,不宜采用染(颜)料修复色差。对于涤纶追加分散染料纠色时,最好先将染浴温度降至80℃以下,再将预先溶解好的染料充分稀释,并在5~8min内加完,然后继续上升温度至原染色温度,保温染色15min以上,确保前后颜色均匀透染,以减少对热定形的影响。

(七)助剂追加法

间歇式染色过程中,当对色时(即未固色前)发现色泽不正常,可根据不同的染料、不同的情况追加不同的助剂。

1.追加电解质

(1)加深。适用于直接染料染纤维素纤维。当发现染色深度不够,且染浴中还有残留的染料时,可追加1.5~5g/L食盐或元明粉等电解质促染。这对盐效应直接染料作用十分有效,如直接耐晒黄 3RLL、大红 BNL、红 4BL、红玉 RNLL、紫 BL、蓝 BL、B2RL、天蓝 G、翠蓝 GL、绿 5GLL、绿 GL、灰 4GL、灰 GB 等。追加时应将电介质溶解后,在染物运转状态下缓慢加入,以免染花。

(2)褪色。适用于酸性染料染蛋白质纤维、阳离子染料染腈纶等。当出现颜色过深或色花时,可追加 3~6g/L 元明粉褪色或匀染。

2. 追加醋酸

(1)加深。适用于酸性染料染蚕丝、羊毛等蛋白质纤维。如发现色泽偏浅而染液中尚有剩余染料时,可追加 0.5~2mL/L 的冰醋酸促染。追加前必须停止加热,冰醋酸经冷水稀释 10 倍左右后,在染物运转时缓慢加入,以避免造成色花。

(2)褪色。适用于活性染料染纤维素纤维、阳离子染料染腈纶等。活性染料染色偏深,可追加 2~3mL/L 的冰醋酸,于 90~95℃处理 30min,促使染料部分断键而消色,一般可减浅 20% 左右。阳离子染料染色偏深,可采用 2~3mL/L 冰醋酸,在 40~60℃的温水浴中处理 20~30min,可使染料溶解而减浅 20%~30%。

3. 追加匀染剂

一般适用于深剥浅情况。如:分散染料染涤纶及其混纺或交织物时,颜色偏深一般可追加高温匀染剂或修补剂,且升温至一定的染色温度,保温 15~20min,然后降温降压及对色。采用匀染剂 + 扩散剂 MF(1∶1)比单用高温匀染剂效果好。

直接、酸性、中性等染料染纤维素纤维、蚕丝、羊毛和锦纶织物时,原则上都可采用平平加 O 去除迁移染料,达到匀染。羊毛织物上平平加 O 的用量一般不能超过 0.3g/L。为防止羊毛毡化,也可添加羊毛保护剂色乐保 WOK 2%~3%(Dystar)。用中性染料染锦纶时,若颜色过深或有横档等需覆盖时,采用色乐高 N－ER 3%~5%(Dystar)效果极佳。

阳离子染料染腈纶或改性涤纶时,若颜色深 20% 左右,可在染色残液基本洗尽时,加入 2~4g/L 表面活性剂 1227 褪色。

修色方法远不止上述这些,技术人员应因根据企业实际情况和具体染化料因地制宜,区别对待。

四、问题与思考

1. 当染色工艺流程、工艺条件、染料助剂均相同时为什么大小样还会出现差异?

2. 印染企业经常有业务抱怨打样人员配色准确度不好,时常没配对色就送到公司。业务员没将色样寄给客户就擅自将色卡退回实验室重配,而实验室以为是客户退回,便照业务要求重配。当业务确认后将色样送给客户确认时,客户与这个业务员观点又不一致,导致再次将色样退回,时间被浪费在来回配色上。试问,如何避免这种情况?

项目十 "染色小样工"职业技能鉴定

一、考核大纲

(一)考核内容及要求

1. 应知(笔试,满分100分,时间1小时)

(1)掌握活性、还原、分散、酸性、阳离子等常用染料的染色性能。

(2)掌握棉、麻、丝、毛、涤、锦、腈等常用纤维的染色特性。

(3)掌握拼色原理、原则,并能灵活运用。

(4)掌握色泽、色差评判要求。

(5)掌握常用染色牢度的测试及评定方法与要求。

(6)掌握棉织物常用染料染色工艺(工艺流程、处方及工艺条件等)。

(7)掌握审样基本方法,并能合理设计小样工艺。

(8)掌握常用染化药剂的性能及作用。

(9)了解色差种类及其主要影响因素。

2. 应会(仿色结果及操作规范)

(1)掌握常用染化药剂的使用方法。

(2)熟练掌握试化验室常用染色仪器设备的操作。

(3)能准确判断染样的色光、浓度,合理制订和调整小样染色处方。

(4)熟练掌握色差的评定方法。

(5)熟练掌握常用染料的浸染及轧染仿色操作,在规定时间内完成纯棉织物浸染(或轧染)样2只(随机抽样),并达到布面色泽均匀,原样色差4级以上。

(二)成绩评定方法

1. 成绩评定

(1)应知(20%)。以书面形式考核,卷面满分100分。

(2)应会(80%)。以操作规范及仿色结果考核,其中:

操作规范(20%)　　由裁判现场打分(含工艺报告),满分100分。

仿色结果(60%)　　由仿色样通过电脑测色而得,满分100分。

$$总成绩 = 应知 \times 20\% + 操作规范 \times 20\% + 仿色结果 \times 60\%$$

2. 技能鉴定等级评定

(1)技师。应知90~100分、应会90~100分。

(2)高级工。应知80~89分、应会80~89分。

(3)中级工。应知 70~79 分、应会 70~79 分。

(4)初级工。应知 60~69 分、应会 60~69 分。

(三)说明

(1)应知考卷从试卷库中任意抽取。

(2)浸染平行试样最多为 4 只。

(3)操作规范评分细则见附表 1、附表 2。

(4)仿色结果评分标准见附表 3。

(5)平时训练的各种单色样卡、拼色宝塔图一律不准带入考试现场。

(6)考生可自带小剪刀、小钢尺、记号笔、工作服。

(四)材料准备

(1)织物规格。20mm×20mm,60mm×60mm 半制品。

(2)仿色染料。中温型活性染料。

(3)染色助剂。食盐、纯碱、中性肥皂粉等。

(4)仪器设备配置清单。

序号	名 称	数 量	序 号	名 称	数 量
1	水浴锅(至少4孔)	1台/人	10	50~100mL 容量瓶	1只/人
2	烘箱	1台/室	11	1mL、5mL、10mL 移液管	各1支/人
3	电熨斗	1只/室	12	100mL 量筒	1只/人
4	电炉(或备用水浴锅)	1台/条桌	13	100mL、300mL 烧杯	各2只/人
5	电子天平	1台/3 人	14	染杯	4只/人
6	标准光源箱	1台/室	15	10~12cm 表面皿	4块/人
7	电脑测色配色仪	1台	16	温度计	1支/人
8	标准灰卡	1套/室	17	广口瓶	6只/条桌
9	称量纸	若干	18	洗瓶	1只/2人

二、应知考核(仅供参考)

"染色小样工"理论试卷

(一)填充题(30×1=30)

1. 染料常采用三段命名法,如 100% 活性艳蓝 B-RV,活性表示_____,艳蓝表示_____,B-RV 表示_____。

2. 颜色的三个基本属性为_____、_____和_____,其中_____是颜色最基本的属性,也是色与色之间最根本的区别。

3. 颜色的混合分为加法混色和减法混色,加法混色主要用于_____的混合,拼混数量越多,亮度越_____;减法混色主要用于_____的混合,拼混数量越多,颜色越_____。

4. 色差评定常用_____样卡,也可用电脑测配色仪测定_____值。

5. 中性浴染色的酸性染料染蚕丝时,加醋酸起_____作用,加元明粉起_____作用。

6.还原染料染色过程包括_____、_____、_____和_____。常用的还原方法有_____、_____。

7.分散染料常用的染色方法有_____、_____等。

8.摩擦牢度分_____和_____两项指标,_____级最好。常用_____样卡评定。

9.影响色差评定的因素有_____、_____、_____等。

(二)单项选择题(10×1=10)

1.为保证活性染料的固色率,皂煮宜采用(   )。

A.中性洗涤剂   B.肥皂   C.肥皂+纯碱   D.还原清洗

2.精确量取10mL染料母液的合理选择是(   )。

A.1mL移液管   B.5mL移液管   C.10mL移液管   D.10mL量筒

3.当轧车压力不均匀时,极易产生(   )。

A.原样色差   B.左中右色差   C.前后色差   D.正反面色差

4.欲拼得一艳绿色,应选用(   )+(   )。

A.翠蓝B-BGFN   B.艳蓝B-RV   C.黄B-6GL   D.黄B-4RFN

5.利用余色原理消除蓝色中的绿光,补充红光,最合理的方法是加入(   )。

A.红色染料   B.橙色染料   C.紫色染料   D.黄色染料

6.为减少活性染料轧染时的前后色差,常采用的措施是(   )。

A.初开时轧槽内适当加水冲淡   B.初开时轧槽内补加少量染料

C.车速开快些   D.轧液率调整小些

7.在评定色差时,标样与试样应(   )放置。

A.左右并列   B.上下并列   C.上下重叠   D.左右重叠

8.吸取2g/L染料母液10mL,染2g织物,浴比为1:50,此时染料的用量为(   )。

A.0.5%(owf)   B.1%(owf)   C.2%(owf)   D.4%(owf)

9.拼色时,应选择(   )相近的染料。

A.染色饱和值   B.上染速率   C.上染量   D.平衡上染百分率

10.轧染预烘时,若温度过高,极易使织物上的染料发生(   )。

A.扩散   B.移染   C.解吸   D.泳移

(三)判断题(正确的打"√",错误的打"×"。10×1=10)

(   )1.若染料溶液的λ_{max}向长波方向移动,表示该染料的颜色变浓。

(   )2.力份是指商品染料中纯染料的百分含量。

(   )3.碱性皂煮有利于提高还原染料染色织物色牢度,且能稳定色光。

(   )4.活性红M-2B没有活性红M-8B的颜色深浓。

(   )5.打浅淡色浸染小样时,染料母液浓度宜配制低些。

(   )6.配制100mL 10g/L的染料溶液,需称取0.1g固体染料。

(   )7.分散染料高温高压染色时,加入醋酸和醋酸钠的目的是调节pH=5~6,防止染料发生水解色变等。

( )8.B 型活性染料是一类中温型染料。

( )9.K/S 值越大,表示染色织物的表面色泽越深浓。

( )10.阳离子染料 K 值越大,表示上染速率越快,越易染得深浓色。

(四)多项选择题(10×2=20)

1.纯棉织物可采用( )染料染色。

A.分散　　　　　B.活性　　　　　C.还原　　　　　D.硫化

2.减法混色的三原色为( )。

A.品红　　　　　B.绿　　　　　C.黄　　　　　D.青

3.弱酸性染料可以染( )。

A.蚕丝　　　　　B.羊毛　　　　　C.锦纶　　　　　D.涤纶

4.目测色差时常用的光源有( )。

A.北照光　　　　　B.荧光灯　　　　　C.D65　　　　　D.白炽灯

5.皂洗牢度包括( )。

A.白布沾色　　　　　B.原样褪色　　　　　C.原样变色　　　　　D.原样强力

6.分散染料染涤纶时,后处理可采用( )。

A.皂粉　　　　　B.酸洗　　　　　C.肥皂+纯碱　　　　　D.还原清洗

7.下列( )属于双活性基团活性染料。

A.B 型　　　　　B.M 型　　　　　C.K 型　　　　　D.KN 型

8.单色样卡有助于了解拼色染料的( )。

A.色泽　　　　　B.色光　　　　　C.染深性　　　　　D.拼混结果

9.下列( )不能置于电炉上直接加热。

A.染杯　　　　　B.烧杯　　　　　C.容量瓶　　　　　D.三角烧瓶

10.活性染料在纤维素纤维上的固着形式包括( )。

A.H 键　　　　　B.范氏力　　　　　C.离子键　　　　　D.共价键

(五)问答题(6×5=30)

1.拼色应遵循哪些基本原则?说明三原色宝塔图在仿色过程中的作用。

2.写出 B 型活性染料浸染工艺(包括染液组成、工艺流程及工艺条件等),并阐述助剂的作用。

3.如何提高打小样的重现性?

4.为使活性染料浸染小样获得良好的匀染性,操作时应注意哪些问题?

5.计算下列处方。

	工艺要求	实际用量(g)
染料(owf)	5	
助剂(g/L)	20	
浴比	1:100	
织物质量(g)	2	

若配制染料母液浓度为 5g/L,则应吸取多少毫升母液？加多少毫升水？

三、应会考核(仅供参考)

"染色小样工"操作试卷

	1#试样	2#试样
标样		
仿色样		
测试结果	原样色差:	原样色差:
得分		
签名	测试人:	评分人:

操作规范评分细则 1(浸染)如表 10-1 所示;操作规范评分细则 2(轧染)如表 10-2 所示;仿色结果评分标准如表 10-3 所示。

表 10-1 操作规范评分细则 1(浸染)

项目	内 容	标准分值	观测点及评分参考			得分
准备(20%)	1. 染料称取	5	天平 2 分	称量器具 1 分	取料 2 分	
	2. 化料	3	调浆 1 分	水温 2 分		
	3. 母液配制	6	移液 2 分	容量瓶 3 分	摇匀 1 分	
	4. 母液存放	3	标签 2 分	标识完整 1 分		
	5. 织物称取	3	准确 1 分	合理剪裁 2 分		
过程控制(40%)	1. 移液管、洗耳球的使用	5	移液管 3 分	洗耳球 2 分		
	2. 量筒的使用	3	方法 2 分	用途 1 分		
	3. 织物润湿	2	预润湿 1 分	温度 1 分		
	4. 染色温度的控制	3	入染 1 分	上染 1 分	固色 1 分	
	5. 染色时间的控制	8	上染 3 分	固色 5 分		
	6. 搅拌	4	适时 2 分	方法 2 分		
	7. 助剂添加	5	称料 2 分	方法 2 分	时间 1 分	
	8. 后处理	3	温度 2 分	时间 1 分		
	9. 织物干燥	2	方法 1 分	均匀 1 分		
	10. 色差评判	5	光源 2 分	方法 3 分		
规章制度(20%)	1. 穿戴工作服	2	有无 1 分	规范性 1 分		
	2. 仪器、药品、试剂使用后的复位	5	母液 2 分	盐碱 2 分	其他 1 分	
	3. 操作环境	2	整洁 2 分,较凌乱 1 分			
	4. 考场纪律	3	独立完成 3 分			
	5. 节能与安全	4	水浴锅 2 分	电炉 2 分		
	6. 节约用水和耗材	4	及时关水 2 分	节约耗材 2 分		
仿色报告(20%)	1. 工艺流程	3	完整性 2 分	规范性 1 分		
	2. 工艺条件	3	正确性 2 分	规范性 1 分		
	3. 工艺处方	3	正确性 2 分	规范性 1 分		
	4. 浓度换算	6	浓度单位 2 分	数据正确 4 分		
	5. 贴样	5	规范性 2 分	完整性 3 分		
		100				

表 10 - 2　操作规范评分细则 2(轧染)

项目	内　容	标准分值	观　察　点			得分
准备 (20%)	1. 染料称取	6	天平 2 分	器具 2 分	取料 2 分	
	2. 轧染液配制	5	溶解 2 分	水温 1 分	加料顺序 2 分	
	3. 移液管、量筒使用	6	移液管 2 分	洗耳球 2 分	量筒 2 分	
	4. 织物准备	3	方法 2 分	标识 1 分		
过程控制 (40%)	1. 浸轧方式	6	干布 2 分	浸渍时间 2 分	浸轧次数 2 分	
	2. 轧车使用	8	安全性 3	规范性 3 分	轧液率 2 分	
	3. 浸轧织物烘干	6	方法 3 分	均匀性 3 分		
	4. 固色	6	方法 3 分	时间 3 分		
	5. 后处理方法	6	流程 2 分	温度 2 分	时间 2 分	
	6. 染色织物干燥	3	方法 2 分	平整 1 分		
	7. 色差评判	5	光源 2 分	方法 3 分		
规章制度 (20%)	1. 穿戴工作服	2	有无 1 分	规范性 1 分		
	2. 仪器、药品、试剂使用后的复位	5	母液 2 分	盐碱 2 分	其他 1 分	
	3. 操作环境	2	整洁 2 分，较凌乱 1 分			
	4. 考场纪律	3	独立完成 3 分			
	5. 节能与安全	4	烘箱 2 分	电炉 2 分		
	6. 节约用水与耗材	4	及时关水 2 分	节约耗材 2 分		
仿色报告 (20%)	1. 工艺流程	3	完整性 2 分	规范性 1 分		
	2. 工艺条件	3	正确性 2 分	规范性 1 分		
	3. 工艺处方	3	正确性 2 分	规范性 1 分		
	4. 浓度换算	6	浓度单位 2 分	数据正确 4 分		
	5. 贴样	5	规范性 2 分	完整性 3 分		
		100				

表 10-3 仿色结果评分标准

原样色差(至少测三个点取平均值)得分			布面色差扣分		
$DE_{cmc(2:1)}$	相当于灰卡	得分	严重色差	明显色差	稍有色差
$DE_{cmc(2:1)} < 0.20$	5 级	100 分	7~10 分	4~6 分	1~3 分
$0.20 \leqslant DE_{cmc(2:1)} < 0.30$		99 分	7~10 分	4~6 分	1~3 分
$0.30 \leqslant DE_{cmc(2:1)} < 0.40$		98 分	7~10 分	4~6 分	1~3 分
$0.40 \leqslant DE_{cmc(2:1)} < 0.50$		97 分	7~10 分	4~6 分	1~3 分
$0.50 \leqslant DE_{cmc(2:1)} < 0.60$		96 分	7~10 分	4~6 分	1~3 分
$0.60 \leqslant DE_{cmc(2:1)} < 0.70$	4.5 级	95 分	7~10 分	4~6 分	1~3 分
$0.70 \leqslant DE_{cmc(2:1)} < 0.80$		94 分	7~10 分	4~6 分	1~3 分
$0.80 \leqslant DE_{cmc(2:1)} < 0.90$		93 分	7~10 分	4~6 分	1~3 分
$0.90 \leqslant DE_{cmc(2:1)} < 1.00$		92 分	7~10 分	4~6 分	1~3 分
$1.00 \leqslant DE_{cmc(2:1)} < 1.20$		90 分	7~10 分	4~6 分	1~3 分
$1.20 \leqslant DE_{cmc(2:1)} < 1.40$		88 分	7~10 分	4~6 分	1~3 分
$1.40 \leqslant DE_{cmc(2:1)} < 1.60$	4.0 级	86 分	7~10 分	4~6 分	1~3 分
$1.60 \leqslant DE_{cmc(2:1)} < 1.80$		84 分	7~10 分	4~6 分	1~3 分
$1.80 \leqslant DE_{cmc(2:1)} < 2.00$		82 分	7~10 分	4~6 分	1~3 分
$2.00 \leqslant DE_{cmc(2:1)} < 2.20$		80 分	7~10 分	4~6 分	1~3 分
$2.20 \leqslant DE_{cmc(2:1)} < 2.40$		78 分	7~10 分	4~6 分	1~3 分
$2.40 \leqslant DE_{cmc(2:1)} < 2.60$	3.5 级	76 分	7~10 分	4~6 分	1~3 分
$2.60 \leqslant DE_{cmc(2:1)} < 2.80$		74 分	7~10 分	4~6 分	1~3 分
$2.80 \leqslant DE_{cmc(2:1)} < 3.00$		72 分	7~10 分	4~6 分	1~3 分
$3.00 \leqslant DE_{cmc(2:1)} < 3.20$		70 分	7~10 分	4~6 分	1~3 分
$3.20 \leqslant DE_{cmc(2:1)} < 3.40$		68 分	7~10 分	4~6 分	1~3 分
$3.40 \leqslant DE_{cmc(2:1)} < 3.60$	3.0 级	66 分	7~10 分	4~6 分	1~3 分
$3.60 \leqslant DE_{cmc(2:1)} < 3.90$		64 分	7~10 分	4~6 分	1~3 分
$3.90 \leqslant DE_{cmc(2:1)} < 4.20$		62 分	7~10 分	4~6 分	1~3 分
$4.20 \leqslant DE_{cmc(2:1)} < 4.50$		60 分	7~10 分	4~6 分	1~3 分
$4.50 \leqslant DE_{cmc(2:1)} < 4.80$		58 分	7~10 分	4~6 分	1~3 分
$4.80 \leqslant DE_{cmc(2:1)} < 5.10$	2.5 级	56 分	7~10 分	4~6 分	1~3 分
$5.10 \leqslant DE_{cmc(2:1)} < 5.50$		54 分	7~10 分	4~6 分	1~3 分
$5.50 \leqslant DE_{cmc(2:1)} < 5.90$		52 分	7~10 分	4~6 分	1~3 分
$5.90 \leqslant DE_{cmc(2:1)} < 6.40$		50 分	7~10 分	4~6 分	1~3 分
$6.40 \leqslant DE_{cmc(2:1)} < 6.90$		48 分	7~10 分	4~6 分	1~3 分
$6.90 \leqslant DE_{cmc(2:1)} < 7.40$	2.0 级	46 分	7~10 分	4~6 分	1~3 分
$7.40 \leqslant DE_{cmc(2:1)} < 7.90$		44 分	7~10 分	4~6 分	1~3 分
$7.90 \leqslant DE_{cmc(2:1)} < 8.40$		42 分	7~10 分	4~6 分	1~3 分

原样色差(至少测三个点取平均值)得分			布面色差扣分		
$DE_{cmc(2:1)}$	相当于灰卡	得分	严重色差	明显色差	稍有色差
$8.40 \leqslant DE_{cmc(2:1)} < 9.00$		40 分	7~10 分	4~6 分	1~3 分
$9.00 \leqslant DE_{cmc(2:1)} < 9.60$		38 分	7~10 分	4~6 分	1~3 分
$9.60 \leqslant DE_{cmc(2:1)} < 10.20$	1.5 级	36 分	7~10 分	4~6 分	1~3 分
$10.20 \leqslant DE_{cmc(2:1)} < 11.00$		34 分	7~10 分	4~6 分	1~3 分
$11.00 \leqslant DE_{cmc(2:1)} < 11.80$		32 分	7~10 分	4~6 分	1~3 分
$DE_{cmc(2:1)} > 11.80$	1.0 级	30 分	7~10 分	4~6 分	1~3 分

注:1. 色差值:用电脑测色仪评定。

2. 匀染性:用目测判定。若布面色泽严重不匀至少降一等评分。

参考文献

[1]蔡苏英.染整技术实验[M].北京:中国纺织出版社,2009.

[2]沈志平.染整技术(第二册)[M].北京:中国纺织出版社,2009.

[3]蔡苏英,田恬.染整工艺学(第三册)[M].2版.北京:中国纺织出版社,2006.

[4]董振礼.测色及电子计算机配色[M].北京:中国纺织出版社,1999.

[5]崔浩然.染色工艺要素控制与色差、色花、色渍应对[A].∥王授伦.2011年染色打样与色样确认技术高级培训班.苏州:中国纺织工程学会,2011.56-61.

[6]朱善长.如何纠正染色大小样差异[J].印染,2008,(21):56.

[7]许坚.同色异谱现象及其解决方案[J].印染,2005,(18):26-28.

附录

附录一 常用活性染料三原色(附表1)

附表1

类 型	色 泽	黄	红	蓝
浙江瑞华(闰土)	浅色	黄 R－3R	红 R－2B	艳蓝 R－2R
	中深色	黄 R－4RFN	红 R－2BF	深蓝 R－2GLN
		黄 M－5R	红 M－8B	深蓝 M－2GE
	特深色	超级橙 RW	超级红 RW	超级藏青 RW
浙江龙盛科华素	中深色	黄 3RS	红 3BS	元青 B133
江苏申新	浅色	黄 SAE	红 SAE	蓝 SAE
	中深色	黄 SBE	红 SBE	艳蓝 SBE
	特深色	橙 SNE	红 SNE	蓝 SNE
	中深色	黄 M－3RE	红 M－3BE	深蓝 M－2GE
上海雅运雅格素	浅色	黄 BF－3R	红 BF－3B	藏青 BF－RRN
	耐晒浅色	黄 EL－2R	红 EL－2B	蓝 EL－R
	中深色	黄 CBM	红 CBM	藏青 CBM
	特深色	黄 BF－CE	红 BF－CF	黑 CBD
雷玛素	中深色	黄 RGB	红 RGB	蓝 RGB
汽巴	中深色	黄 C－RG	红 C－2BL	藏青 C－R

附录二 常用分散染料三原色(附表2)

附表2

类 型	色 泽	黄	红	蓝
浙江龙盛	低温	黄 E－3G	红 E－FB	蓝 E－2BLN
	中温	黄 SE－NGL	红玉 M－GFL	蓝 M－2R
	高温	黄 H－2RL	红玉 H－2GFL	蓝 H－BGL

类　型	色　泽	黄	红	蓝
浙江闰土	低温	黄 E – RGFL	红 3B	蓝 2BLN
	中温	橙 SE – 5RL	红玉 SE – 2GF	深蓝 EX – SF
	高温	黄 S – BRL	红 F3BS	深蓝 H – GL
江苏亚邦	低温	黄 E – RPD	红 E – RPD	蓝 E – RPD
	中温	橙 SE – ER	红玉 SE – 2GFL	深蓝 S2GL
	高温	黄 D – MD	红玉 D – MD	深蓝 D – MD

附录三　常见颜色参考配方（盐、碱用量根据染料用量确定）（附表 3）

附表 3

颜色种类	染料品种	M 型活性染料（宜兴申新）	R 型活性染料（浙江瑞华）
浅米色		M – 3RE 黄　0.03% M – 3BE 红　0.017% M – 2GE 蓝　0.012%	R – 4RFN 金黄　0.03% R – 2BF 红　0.017% R – 2GLN 深蓝　0.012%
浅卡其色		M – 3RE 黄　0.14% M – 3BE 红　0.06% M – 2GE 蓝　0.02%	R – 4RFN 金黄　0.14% R – 2BF 红　0.06% R – 2GLN 深蓝　0.02%
卡其色		M – 3RE 黄　0.7% M – 3BE 红　0.25% M – 2GE 蓝　0.07%	R – 4RFN 金黄　0.7% R – 2BF 红　0.25% R – 2GLN 深蓝　0.07%
棕色		M – 3RE 黄　1.1% M – 3BE 红　0.44% M – 2GE 蓝　0.2%	R – 4RFN 金黄　1.1% R – 2BF 红　0.44% R – 2GLN 深蓝　0.2%
茜红		M – 3RE 黄　0.12% M – 3BE 红　0.3% M – 2GE 蓝　0.05%	R – 4RFN 金黄　0.12% R – 2BF 红　0.3% R – 2GLN 深蓝　0.05%

续表

颜色种类 ＼ 染料品种	M 型活性染料（宜兴申新）	R 型活性染料（浙江瑞华）
大红色	M－3RE 黄　3.6% M－3BE 红　6% M－2GE 蓝　0.01%	R－4RFN 金黄　3.6% R－2BF 红　6% R－2GLN 深蓝　0.01%
酱红色	M－3RE 黄　1.2% M－3BE 红　5% M－2GE 蓝　0.8%	R－4RFN 金黄　1.6% R－2BF 红　5% R－2GLN 深蓝　0.7%
深蓝色	M－3RE 黄　0.7% M－3BE 红　1.4% M－2GE 蓝　4.0%	R－4RFN 金黄　0.7% R－2BF 红　1.4% R－2GLN 深蓝　4.0%
宝蓝色	KN－R 艳蓝　2.5% M－3BE 红　0.2%	R－RV 艳蓝　2.5% R－2BF 红　0.2%
翠绿	M－7G 嫩黄　1.2% KN－G 翠蓝　0.3%	R－4GLN 嫩黄　1.2% RES 翠蓝　0.3%
秋香绿	M－3RE 黄　0.24% M－3BE 红　0.14% M－2GE 蓝　0.1%	R－4RFN 金黄　0.3% R－2BF 红　0.1% R－2GLN 深蓝　0.2%
草绿色	M－3RE 黄　1.4% M－3BE 红　0.02% M－2GE 蓝　0.3%	R－4RFN 金黄　1.4% R－2BF 红　0.02% R－2GLN 深蓝　0.3%
军绿色	M－3RE 黄　0.96% M－3BE 红　0.4% M－2GE 蓝　0.46%	R－4RFN 金黄　0.96% R－2BF 红　0.4% R－2GLN 深蓝　0.46%
橄榄绿	M－3RE 黄　1.3% M－3BE 红　0.65% M－2GE 深蓝　0.55%	R－2BF 红　0.65% R－4RFN 金黄　1.3% R－2GLN 深蓝　0.55%
咖啡色	M－3RE 黄　5.0% M－3BE 红　3.3% M－2GE 蓝　1.6%	R－4RFN 金黄　5.0% R－2BF 红　3.3% R－2GLN 深蓝　1.6%

续表

染料品种 颜色种类	M 型活性染料（宜兴申新）	R 型活性染料（浙江瑞华）
浅灰色	M – 3RE 黄　0.03% M – 3BE 红　0.03% M – 2GE 蓝　0.034%	R – 4RFN 金黄　0.03% R – 2BF 红　0.03% R – 2GLN 深蓝　0.034%
灰色	M – 3RE 黄　1.0% M – 3BE 红　0.9% M – 2GE 蓝　1.0%	R – 4RFN 金黄　1.0% R – 2BF 红　0.9% R – 2GLN 深蓝　1.0%
黑色	M – 3RE 黄　0.8% M – 3BE 红　0.7% M – 2GE 蓝　6.0%	R – 4RFN 金黄　0.8% R – 2BF 红　0.7% R – 2GLN 深蓝　6.0%